河蚌

UNIONOIDA

郭亮 / 编著

编委组名单

陈重光　丁　亮　嵩　涵　林理文　黄嘉龙
刘鹏宇　叶　茂　黄剑斌　张乐嘉　董瑞航

海峡出版发行集团　海峡书局
THE STRAITS PUBLISHING & DISTRIBUTING GROUP

图书在版编目（CIP）数据

河蚌 / 郭亮编著 . — 福州：海峡书局，2022.3（2023.10 重印）
ISBN 978-7-5567-0940-3

Ⅰ．①河… Ⅱ．①郭… Ⅲ．①河蚌属－介绍 Ⅳ.
① Q959.215

中国版本图书馆 CIP 数据核字（2022）第 031356 号

出 版 人：林 彬
策 划 人：曲利明　李长青
编 　 著：郭 亮
责 任 编 辑：林洁如　廖飞琴　龙文涛　俞晓佳　陈 婧　陈洁蕾　邓凌艳
手 　 绘：郭 亮　林晓莉
装 帧 设 计：林晓莉　李 晔　董玲芝　黄舒埁
校 　 对：卢佳颖

Hé Bàng

河 蚌

出版发行：海峡书局
地　　址：福州市台江区白马中路 15 号
邮　　编：350000
印　　刷：雅昌文化（集团）有限公司
开　　本：889 毫米 ×1194 毫米　1/16
印　　张：16.5
图　　文：264 码
版　　次：2022 年 3 月第 1 版
印　　次：2023 年 10 月第 2 次印刷
书　　号：ISBN 978-7-5567-0940-3
定　　价：88.00 元

龙骨华蛏蚌

中国现生已知最长的河蚌，大型的个体壳长可达410毫米以上。它们曾经被认为是已经灭绝的化石种。

（标本长度：411毫米）

序

　　数日前，收到郭亮先生的邀请，希望能为他的新书写一篇序言。我一开始是推脱的：自己在贝类学方面还是个学生，哪有能力为别人的著作写序呢？怎奈作者十分坚持，盛情难却，也就恭敬不如从命了。我的本职工作是与海水贝类打交道，对于淡水蚌类只能算是一知半解，我就从一位朋友、一名读者的角度聊一聊自己与作者之间的亲身经历、谈一谈对于这本书的真实看法。

　　我与郭亮是因为河蚌而结缘的。记得那是在 2020 年 11 月的一天，他通过朋友联系到我，希望我能帮助他寻找一种罕见的珍珠蚌类——老挝弓背蚌，并向我介绍了他正在进行的工作：编写一本国产河蚌图鉴，当时他已收集到近 100 个种类、上千枚标本，产地涉及 20 多个省份，其中还有不少是新记录种……我一边与他交流，一边翻看着他传过来的小样：图片拍得很棒，不但色彩还原度很高，标本的细节特征也十分清晰；每一个种类都尽可能地选取了多个标本，意在展示个体变化；文字描述也较为翔实，除了写明物种的基本特征之外，还介绍了生态习性、分布以及种群状况，同时对相似种和存疑种也进行了深入的讨论。难能可贵的是，字里行间还融入了他自己对物种的观察和理解，绝不是对以往文献的照搬，一看就是倾尽全力之作。我不禁对这个年轻人产生了深深的敬佩之情：他正在做一件很了不起的事！因此我打算帮帮他，哪怕最后没有找到，只要尽力了就好。

　　在接下来的日子里，寻找老挝弓背蚌便成了我生活中的头等大事。由于疫情，我无法亲自外出采集，只好厚着脸皮四处寻求帮助。这个阶段是很煎熬的，没有任何头绪，唯一能想到的办法就是查阅原始文献：首先确定此种在周边国家的具体产地，争取能精确定位某一条河流，然后在地图上"顺藤摸瓜"，看看这些河流或者支流是否流经我国，但这一工作量实在是太大了，无异于大海捞针！就在一筹莫展的时候，一位从事地质工作的好友给我传来了有价值的线索：他曾经在出野外的时候偶然见到过这个物种，并告诉了我大概的位置。我马上联系云南的朋友前往此地查看，并打印了多张模式标本图片让当地人辨认，结果还是傻了眼——问了一圈竟没有一个人认识！这次失败对我的打击很大，觉得挺对不住郭亮的，无奈之下，只好请朋友将照片分发给村民，并留下联系方式。"希望能出现奇迹吧！"我只能这样安慰自己。大概半个月后，一位当地村民联系上我们，说是在河中游泳的时候发现了一种形状奇特的河蚌，有点像图片上的样子。当我把村民拍摄的图片传给郭亮看的时候，立刻得到了他的确认。这真的就是老挝弓背蚌啊，愿望终于实现了！后来，在这名村民的指引下，我们找到了那条河流，而且发现了老挝弓背蚌的活体！任务胜利完成了，我和郭亮都特别高兴。这次的寻蚌经历给我留下了非常深刻的印象：标本的收集工作不但需要投入大量的时间和精力，还要有十足的运气傍身，寻找一种河蚌都如此艰苦，那郭亮找到了近 100 种，这需要付出多么大的心血啊！这本书的含金量有多高，由此可见一斑。

2021 年的上海国际贝展，我和郭亮终于见面了，当时他是演讲嘉宾之一，而我是主办方的代表。我俩聊得最多的自然还是他的河蚌图鉴：从创作构想聊到了采蚌经历，从种类鉴定聊到了系统分类，从图片拍摄又聊到了页面布局。从谈话中我还得知，为了查询河蚌的物种信息，仅中国科学院动物研究所国家动物标本资源库他就去了无数趟，甚至还联系了多家国外的大型博物馆，咨询对方馆藏的国产标本情况。我当时还询问了书的进展情况，并希望能在 2022 年的上海国际贝展上见到这本书，郭亮很痛快地答应了。现在看来，他当时的回答还是有底气的。

一本优秀的图鉴应该是什么样子的呢？"图"指的是图片，必须要清晰，能如实反映物种的本来样貌；"鉴"指的是鉴定、审查，即标本的选择要具有代表性，可以充分反映一个物种的基本特征，同时还要有相应的文字进行描述和比较。很显然，郭亮的这本书完全具备一本专业级图鉴的要求，不但力求知识点准确，还兼顾了照片与排版的美感，让读者在获取知识的同时，还能产生美的享受，这才是一本好书应该具有的样子！尽管在这本书里还留有少许遗憾：比如因篇幅限制而省去了异名和参考文献，在分类系统上还存在着一些没有解决的问题，另外在中文名的拟定上还有可以再斟酌的地方等等，但这些都无法掩盖这本书所散发的光彩。因此，我向所有的贝类爱好者和广大的博物爱好者推荐这本书！

寿鹏

2022 年 2 月于天津

自序

中国地大物博，960万平方公里的土地孕育了丰富多样的生命。古老的河川纵横在这片大地上，其中栖息着种类繁多的河蚌，这使中国成为世界上河蚌种类最丰富的国家之一。

河蚌一直以来都是冷门的生物类群，鲜有人关注。因此我想让更多人认识它们，我多次前往它们栖息的河流与湖泊，踏过湿地与沼泽去寻找并拍摄这些奇妙的物种；工作之余翻阅旧时的文献，从前辈的笔墨中寻找线索；仔细观察不同种的标本，用针管笔将一只只河蚌绘于纸上。即便如此，有一些物种依然遍寻无果，甚至那些从事分类研究的前辈也是多年未见甚至从未见过，只留下100多年前这些河蚌的手绘与原始记录可供考究。收藏这些罕见的河蚌标本不再是一己私欲，而是希望将它们的美丽姿态留在人间，这也是编写本书的初衷。

本书对中国蚌类的形态及生态习性等都进行了详实的记述，尽可能突出物种特点。另外，尽最大限度地收录了稀有物种的珍贵照片，并以多角度视图呈现，便于读者识别；一些无标本记录的罕见种也以手绘的方式呈现。本书也增加了河蚌的生长组标本照片，以及同一物种不同产地的标本照片对比，方便读者进行幼体与成体的识别及产地差异的鉴定，对一些在中国可能有分布的物种也进行了详实的调查；同时增添了许多物种的生态活体照片，反应了它们真实的栖息环境。早年诸多蚌目物种未有正式的中文学名，本书也做出了拟定与修改，使这些蚌目物种更加清晰地呈现在读者面前。

我感叹于这些河蚌的独特与脆弱，它们是亟需保护的动物类群之一。在人类社会急速发展的今天，开发与破坏无可避免，脆弱的河蚌等待着人类的关注，而识别和鉴定它们是保护的首要任务，我最害怕的便是这些古老的河蚌在还没有被我们认识之前就消失在历史的长河中。

希望那些我们认为已经消失或濒危的蚌目物种，能在不远的将来回到它们赖以生存的家园，更好地繁衍生息。

本书使用说明

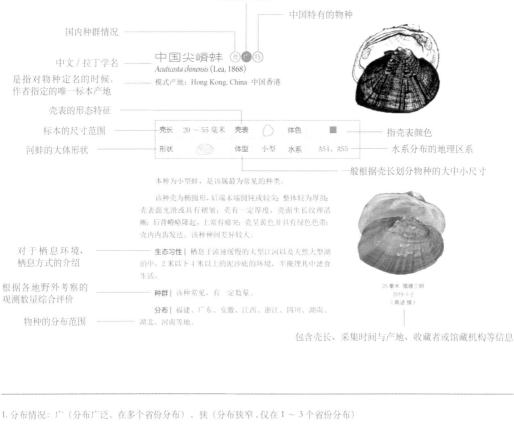

国内分布情况

中国特有的物种

国内种群情况

中文 / 拉丁学名

中国尖嵴蚌 (广) (普) (特)
Acuticosta chinensis (Lea, 1868)

是指对物种定名的时候，
作者指定的唯一标本产地

模式产地: Hong Kong, China 中国香港

壳表的形态特征

标本的尺寸范围

壳长	20～55 毫米	壳表	⬠	体色	⬛
形状	〰	体型	小型	水系	AS4、AS5

指壳表颜色

河蚌的大体形状

水系分布的地理区系

一般根据壳长划分物种的大中小尺寸

本种为小型蚌，是该属最为常见的种类。

该种壳为椭圆形，后端末端圆钝或较尖；整体较为厚敦；
壳表表面光滑或具有褶皱；壳有一定厚度，壳面生长纹理清
晰；后背嵴略略隆起，上常有瘤突；壳呈黄色并具有绿色色带；
壳内内齿发达。该种间差异较大。

对于栖息环境、
栖息方式的介绍

生态习性 | 栖息于流速缓慢的大型江河以及天然大型湖
泊中，2 米以下 4 米以上的泥沙底的环境，半掩埋其中滤食
生活。

根据各地野外考察的
观测数量综合评价

种群 | 该种常见，有一定数量。

分布 | 福建、广东、安徽、江西、浙江、四川、湖南、
湖北、河南等地。

物种的分布范围

25 毫米 福建三明
2019-1-2
（高速摄）

包含壳长、采集时间与产地、收藏者或馆藏机构等信息

---

1. 分布情况: 广（分布广泛，在多个省份分布），狭（分布狭窄，仅在 1～3 个省份分布）

2. 种群情况: 在野外考察的过程中，这些河蚌的遇见率。普（普通、常见，遇见率高于 50%），少（稀少，遇见率低于 20%），罕（罕见、甚至灭绝，低于 5 次记录）

3. 模式产地: 引自原始文献，保留原始文献格式，并翻译

4. 壳表: ⬠ - 光滑   〰 - 褶皱   ⌒⌒ - 瘤突   ⦀ - 条肋

5. 体色: ⬜ - 黄色   ⬛ - 褐色   ⬛ - 红色   ⬛ - 黑色   ⬛ - 灰色   ⬛ - 绿色   ⬛ - 黄褐色

6. 形状: ◁ - 水滴形   ◁ - 矛形   ◁ - 扇形   ◁ - 长椭圆形   ◯ - 椭圆形   ◁ - 三角形
         ▱ - 刀形

7. 体型: 小型（10～120 毫米），中型（130～190 毫米），大型（200～340 毫米），巨型（350～400 毫米）

8. 水系: 中亚区 EU3: 中国西北部地区，新疆额尔齐斯河和内蒙古西部地区的诸多小河流
         阿穆尔河 - 朝鲜半岛区 AS2: 中国东北部地区，为松花江和乌苏里江、鸭绿江等水系
         长江 - 黄河区 AS4: 中国中部、东部地区，为长江、黄河、闽江等水系
         印度支那区 AS5: 中国南部、西南部地区，为珠江、西江、澜沧江、红河等南方水系

目录

什么是河蚌

色彩丰富的海生双壳动物，河蚌是双壳大家族中的一员

不知读者们可否体会过，几时与伙伴们在水塘中捉鱼捉虾时，摸到一枚大河蚌的喜悦之情？作为溪河池塘中最常见的一类软体动物，河蚌的身影遍布我国大江南北；它们也常常同它们的亲戚——那些生活在海洋中的双壳贝一起，作为餐桌上的食材走进我们的生活。稍加留心就会发现，相比于海生贝类，河蚌往往色泽灰暗，并不引人注目，在市集中也不如海贝受欢迎。其实作为食材的河蚌只是河蚌大家族的一小部分。从分类学角度而言，河蚌是软体动物门之下蚌目Unionoida中近千个物种的统称，它们形态富于变化，分类关系也错综复杂，绝大多数河蚌只生活在淡水之中，少数无齿蚌类则会进入通海河流的河口。

波纹巴非蛤 *Paratapes undulatus*　　泥蚶 *Tegillarca granosa*

这是常见的食用性海洋贝类

大蚬 *Corbicula subsulcata*　　河蚬 *Corbicula fluminea*

蚬类容易与蚌目物种混淆，它们常和蚌类一起栖息

一、河蚌的形态结构

　　一眼看去，河蚌给人们的直观印象就是带有两片坚硬外壳的软体动物。坚硬的外壳可以为河蚌提供保护，防止它们被天敌捕食。它们的眼部结构退化消失，但在进出水管上有保留感光的细胞。同时进出水管负责在水体中进食排泄。斧足负责挖掘和在河床上缓慢爬行，很多种类的运动能力高度退化，闭壳肌则可保持外壳紧闭抵御天敌。看起来河蚌很原始和简单，但是它们雌雄异体，且并不好区分雌雄。

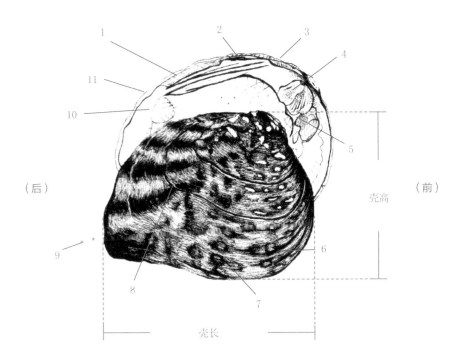

1. 后侧齿（posterior lateral tooth）
2. 韧带（ligament）
3. 壳顶（umbo）
4. 拟主齿（pseudocardinal tooth）
5. 前闭壳肌痕（anterior adductor muscle scar）
6. 壳前端（anterior caudal）
7. 腹缘（ventral margin）
8. 后背嵴（posterior umbonal ridge）
9. 壳后端（posterior cranial）
10. 后闭壳肌痕（posterior adductor muscle scar）
11. 背缘（dorsal margin）

外壳示意图

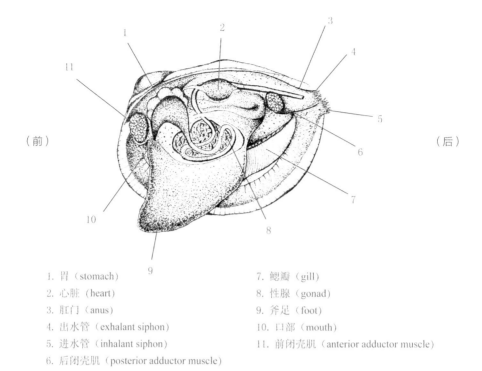

（前）　　　　　　　　　　　　　　　　（后）

1. 胃（stomach）
2. 心脏（heart）
3. 肛门（anus）
4. 出水管（exhalant siphon）
5. 进水管（inhalant siphon）
6. 后闭壳肌（posterior adductor muscle）

7. 鳃瓣（gill）
8. 性腺（gonad）
9. 斧足（foot）
10. 口部（mouth）
11. 前闭壳肌（anterior adductor muscle）

软体示意图

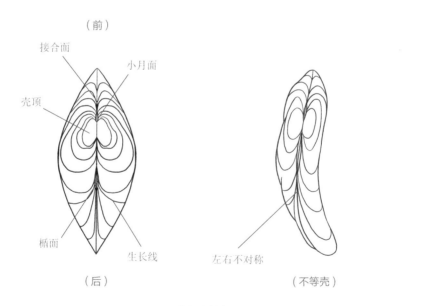

（前）

接合面

小月面

壳顶

楯面

生长线

左右不对称

（后）　　　　　　　　　　　（不等壳）

背部示意图

铰合部（hinge）

铰合部指的是河蚌左右壳相接合的部分。有些河蚌铰合部具有左右啮合的拟主齿（pseudocardinal tooth）、后侧齿（posterior lateral tooth）结构，但是并不是所有河蚌都具有内齿结构，诸如舟蚌属 *Anemina*，华蛏蚌属 *Sinosolenaia* 等都不具备内齿；内齿在河蚌不同属中，都有着相应的变化。

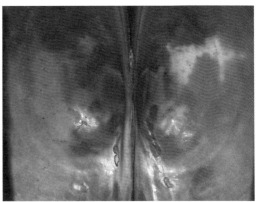

猪耳弓背蚌 *Gibbosula rochechouartii* (Heude, 1875) 的内部结构　　　　舟蚌属 *Anemina* 的内部结构

角质层（periostracum）

很多河蚌的外壳表面具有纤维状的角质层，不同种类的河蚌角质层厚度不同，并且结构不同，能折射出金属光泽或七彩光泽。

舟蚌属 *Anemina* 的角质层　　　　鱼尾扭楔蚌 *Tchangsinaia pisciculus* (Heude, 1874) 的角质层

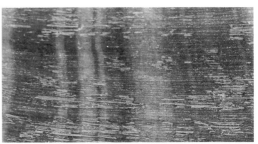

失衡尖丽蚌 *Aculamprotula tortuosa* (Lea, 1865) 的角质层　　　　中国尖嵴蚌 *Acuticosta chinensis* (Lea, 1868) 的角质层

壳饰（ornamentation）

    河蚌的外壳不一定是光滑的，很多种类具有刺突、瘤突、条肋。这些复杂的壳饰有的用于防止天敌捕食，有的目前还未知其作用。

猪耳弓背蚌 *Gibbosula rochechouartii* (Heude, 1875) 的表面瘤突   高顶鳞皮蚌 *Lepidodesma languilati* (Heude, 1874) 的表面条肋

舟蚌属 *Anemina* 的表面平整光滑

角月丽蚌 *Lamprotula cornuumlunae* (Heude, 1883) 的条肋   猪耳弓背蚌 *Gibbosula rochechouartii* (Heude, 1875) 的刺突

珍珠质（nacre）

　　河蚌和大部分软体动物一样，它们通过外套膜分泌珍珠质，形成贝壳结构保护身体。贝壳的主要成分为碳酸钙（$CaCO_3$）；而珍珠质便是由大量微小的碳酸钙晶体集合而成的，其绚丽的彩虹色其实就是半透明的珍珠质层多叠形成的物理反射。当异物进入外套膜时，外套膜可能分泌珍珠质将异物包裹住，如此形成珍珠。

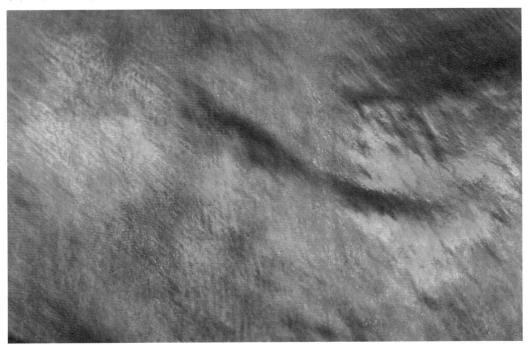

二、如何区分不同种类河蚌

　　在分类河蚌时，我们首先要了解一些河蚌的生态学特性，才能从外观变化多样或是外观极度近似的个体间区分它们。

趋同演化（convergent evolution）

　　首先我们要了解河蚌的趋同演化现象。很多蚌目物种在分类层级上隶属于不同亚科，但都长着相似的外观，这便是河蚌之间的趋同演化现象。蚌壳在不同深度、水流等多种环境因子的影响下，在演化的长河中会有一些相应趋同的外壳变化，诸如蚌亚科的圆顶珠蚌 Nodularia douglasiae (Griffith & Pidgeon, 1833) 和隆嵴蚌亚科的尖锄蚌 Ptychorhynchus pfisteri (Heude, 1874)；蚌亚科的绢丝尖丽蚌 Aculamprotula fibrosa (Heude, 1877) 与隆嵴蚌亚科的脊瘤丽蚌 Lamprotula leaii (Gray in Griffith & Pidgeon, 1833) 等等，它们的形态颇为相似，但隶属于截然不同的两个亚科。这种现象不单单在中国的蚌目物种出现，全世界的河蚌都有该现象，海洋里的很多双壳动物也如此。

圆顶珠蚌 *Nodularia douglasiae* (Griffith & Pidgeon, 1833) 与尖锄蚌 *Ptychorhynchus pfisteri* (Heude, 1874)

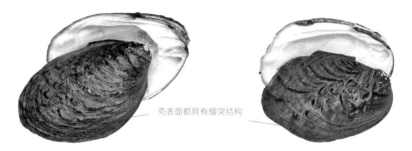

绢丝尖丽蚌 *Aculamprotula fibrosa* (Heude, 1877) 与背瘤丽蚌 *Lamprotula leaii* (Gray in Griffith & Pidgeon, 1833)

多型现象（polymorphism）

多数的蚌目物种具有很强的多型现象，瘤突和条肋、外形轮廓等这些外壳的形态特征都是不稳定的，很多种类同种间有很大的差异。

猪耳弓背蚌的稳定外壳形态差异，如下图所示：

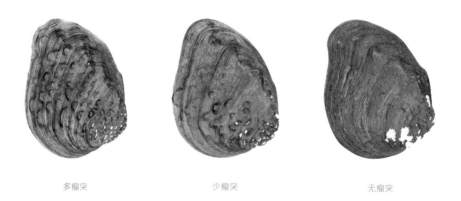

多瘤突　　　　　　　　　　少瘤突　　　　　　　　　　无瘤突

生长规律（growth law）

生长和发育过程中的外形轮廓一般都会相对稳定，即使成年后外形有很大改变，也可以看其生长轮廓加以判定。多数河蚌在幼蚌时期，同种是相对一致的外观。

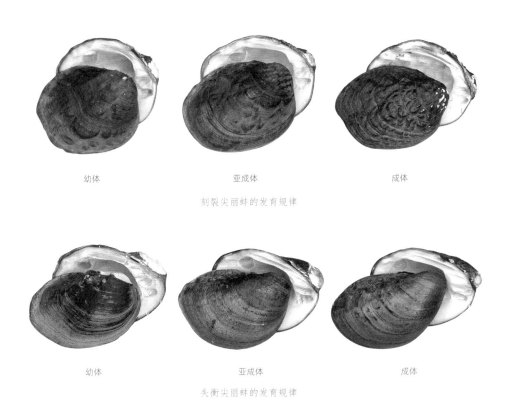

幼体　　　　　　　　　亚成体　　　　　　　　　成体

刻裂尖丽蚌的发育规律

幼体　　　　　　　　　亚成体　　　　　　　　　成体

失衡尖丽蚌的发育规律

中国大部分河蚌的形态分类一直以来研究甚少，在传统形态学研究中，多型现象导致物种之间难以区分且难以总结出可靠的形态规律。不同产地的同一种河蚌常常外观不同，河床的底质、水质、深度、流速等外界因素都会干扰河蚌的形态发育。现如今更多的鉴定区分更偏向于分子学结合形态学，综合判定物种。

但有一些种类，仍然可以通过形态学的一些稳定差别加以区分。也可通过外壳的绒毛结构、壳色、发育形态的规律以及流域分布进行综合判断。其实反复观察标本外形、了解产地信息、收集足够量的标本，我们就能发现一些相对明显的稳定差异。

三、河蚌的栖息环境和分布

河蚌栖息的环境差异很大，从狭小湍急的小河到宽阔缓慢的河道，从不足 1 米深的池塘到巨大的湖泊，河床环境从泥底到卵石底。生活环境的不同，导致河蚌的种类差异也很大。分布海拔最高的一些种类，如某些拟珠蚌，栖息在云南高原湖泊里，那里海拔在 2000 米左右。但是蚌目物种数量一般因海拔的升高以及河川的上游等自然条件的限制而减少。

各种河蚌对栖息生境要求不同，某一种类所选择聚集群落的河床环境被称为蚌床（mussel bed）。在蚌床中，通常雄蚌在上游、雌蚌在下游，这样利于受精和繁衍。一个健康正常的河蚌种群，都会出现蚌床。一个蚌床的形成代表着河流生态的优越，它们也是淡水生态环境良好与否的指示性物种。

（1）人工湖、水库、鱼塘

这种生境的河蚌种类很少。一般来说水流缓慢或静止的都为泥底环境，在人为控制水位的情况下，这对河蚌们是灭顶之灾。该生境一般没有什么多样性，仅仅具有无齿蚌属、帆蚌属、冠蚌属、丽蚌属中的背瘤丽蚌等少数适应性强的种类。

（2）天然通河湖泊

这种生境的河蚌种类较多。其水流循环较快，但容易季节性枯水，底层环境复杂，常常分布着丰富的河蚌种类。中国长江流域就有着不少天然通河湖泊。

（3）小河、沟渠

这种生境的特点是水流较湍急，底质多为泥沙或卵石。生活在此种环境中的河蚌通常为少见种。

（4）江河

这类生境是河蚌最喜爱的环境。大体量的水流源源不断地带来充足的养分，同时栖息着各种各样的鱼类寄主。在很少受到人类活动影响的砂石质或泥沙质河床上，常常生活着丰富的河蚌种类。

（曾荣辉　摄）

四、河蚌的生活史

河蚌种类繁多，但生活方式较为相近。河蚌从卵中孵化出钩介幼虫，它们需要寄生在鱼类体表生活一段时间后，才能发育成稚蚌沉到水底生活。

三角帆蚌的发育过程

（1）受精卵

河蚌精卵结合后，一般在水温20～25℃时，经过5～6天发育成钩介幼虫，由雌蚌鳃腔排入水中。一些种类的河蚌会吸引鱼类来访，并排出钩介幼虫。

（2）钩介幼虫

大部分钩介幼虫必须在48小时内寄生到鱼的鳃或鳍条上，通过附着寄生生活，才能完成变态成稚蚌，否则会死亡。不同河蚌可能对应不同的寄主鱼类，常见的河蚌一般没有限定寄主。

（3）稚蚌

钩介幼虫在水温20～25℃时，经15～20天发育成稚蚌。当变态成稚蚌，从寄生鱼体上掉入水底。

（4）幼蚌

稚蚌通过一定时间发育，外形会逐渐发生改变，接近成蚌的外观，便是幼蚌的阶段。

（5）成蚌

河蚌种类不同，性成熟时间不同。常见的三角帆蚌需要3～4年性成熟，有些种类需要更长时间发育。

（6）受精

河蚌是雌雄异体，所以雌雄生殖腺没有明显的间隔成熟的现象。受精时雄蚌将精液排入水中，雌蚌则将卵排于鳃腔内，待有雄蚌精液的水流经鳃腔时，才能完成受精过程。

（7）变态发育与寄生

由于河蚌多种多样，它们繁殖方式也不同。很多稀有的蚌生活习性未知，共生关系也不明确。无齿蚌类的一些种类具有2种变态发育模式，它们可以直接排出稚蚌，随水流漂流生活形成非寄生变态发育，也可发育成钩介幼虫直接寄生在鱼类身体上，而后发育成稚蚌。华无齿蚌属和寄主鱼类之间不仅是单向的寄生关系，成蚌在鳃瓣的育儿囊中孵化钩介幼虫，而后寄生在鳑鲏亚科的鱼类鳃上，反之鱼通过产卵管将卵产入河蚌的鳃瓣之中，鱼苗孵化初期生活在鳃瓣中，借蚌壳保护躲避天敌，形成共生关系。

中国已知一些河蚌于春、夏季排出钩介幼虫，此时大多数地区步入汛期，鱼类摄食活跃，容易在鱼类摄食时完成寄生。待到春夏季洄游时期，稚蚌从鱼体脱落进入河流的上游，从而完成种群的扩散。河蚌进入淡水也正是因为它们的祖先通过钩介幼虫寄生在远古鱼类身体上，跟随鱼类洄游扩散到世界各地的河流湖泊之中。

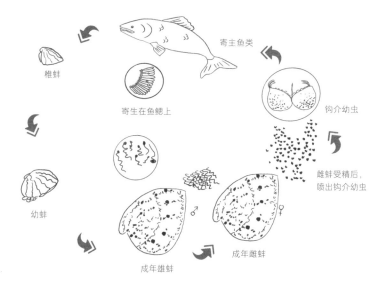

寄主鱼类

寄生在鱼鳃上

钩介幼虫

雌蚌受精后，
喷出钩介幼虫

稚蚌

幼蚌

成年雄蚌

成年雌蚌

河蚌的生活史

诱导生殖

很多河蚌对幼虫的寄主鱼类有着苛刻要求，如果寄生错误，钩介幼虫会被鱼类的免疫蛋白杀死。这使得它们演化出了独特的诱导生殖现象来定向选择合适的寄主，这种现象在美国的河蚌生态研究中有着许多已知的观察记录，而国内相关研究较为缺乏。不过从野外调查可以看出，河蚌物种丰富度与当地淡水鱼类的多样性呈现正相关，以此推测国内的河蚌也有很多和鱼类之间的专性寄生关系。

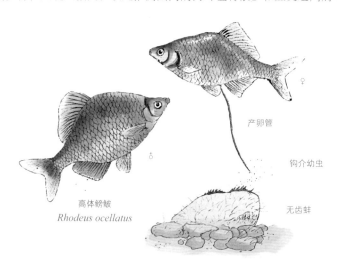

产卵管

钩介幼虫

高体鳑鲏
Rhodeus ocellatus

无齿蚌

河蚌的寄生

北美洲的蛤形美丽蚌 *Lampsilis cardium* Rafinesque, 1820 的外套膜到了繁殖期会发育成小型鱼类的样子，诱导大口黑鲈 *Micropterus salmoides* 袭击，从而排出钩介幼虫寄生。美丽蚌属 *Lampsilis* 的不同种类拟态的生物也是不同的。

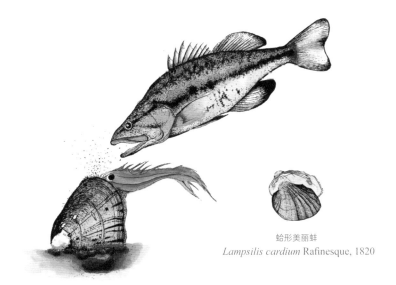

蛤形美丽蚌
Lampsilis cardium Rafinesque, 1820

蛤形美丽蚌的诱导生殖

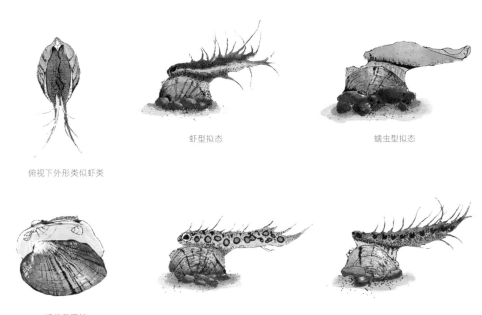

虾型拟态

蠕虫型拟态

俯视下外形类似虾类

绿线美丽蚌
Lampsilis fasciola Rafinesque, 1820

鱼型拟态

绿线美丽蚌拟态的多型现象

北美洲的直方蚌 *Theliderma cylindrica* (Say, 1817) 的进出水管在繁殖期会变化颜色，呈现血红色以吸引鱼类，鱼类啄食时瞬间喷出钩介幼虫。这种诱导方式是最原始的方式之一。

直方蚌 *Theliderma cylindrica* (Say, 1817)

血红色的进出水管

直方蚌的诱导生殖

北美洲的前崎蚌属 *Epioblasma* 张开双壳引诱俄亥俄小鲈 *Percina caprodes* 进入摄食，这是它们长久以来演化的陷阱，可瞬间夹住鱼类并强行产出钩介幼虫在鱼类的口部。

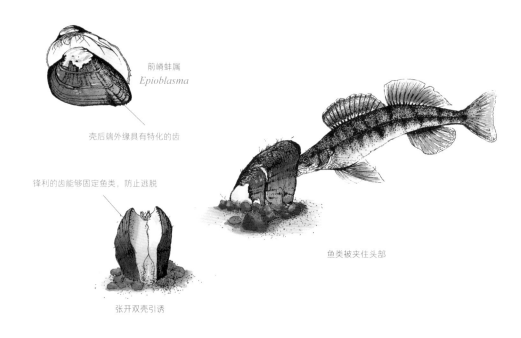

前崎蚌属
Epioblasma

壳后端外缘具有特化的齿

锋利的齿能够固定鱼类，防止逃脱

张开双壳引诱

鱼类被夹住头部

前崎蚌的诱导生殖

北美洲的阿氏强膨蚌 Cyprogenia aberti 会分泌长条黏液，末端拖着 1 个黏液团，里面包裹着像是蠕虫的幼虫囊，引诱镖鲈 Etheostomidae 类的鱼类宿主来摄食从而寄生钩介幼虫。

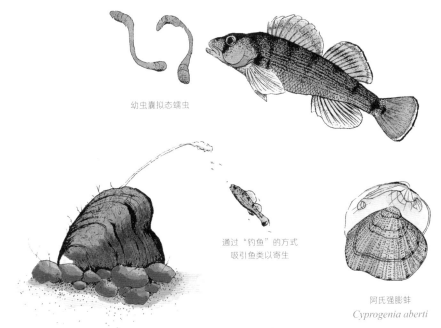

幼虫囊拟态蠕虫

通过"钓鱼"的方式
吸引鱼类以寄生

阿氏强膨蚌
Cyprogenia aberti

阿氏强膨蚌的诱导生殖

北美洲的花斑褶鳃蚌 Ptychobranchus subtentum 的幼虫囊拟态虾类或者水生昆虫的稚虫吸引真小鲤属 Cyprinella、太阳鱼属 Lepomis 的鱼类捕食。不同种类的褶鳃蚌属 Ptychobranchus 幼虫囊拟态的生物也不同。

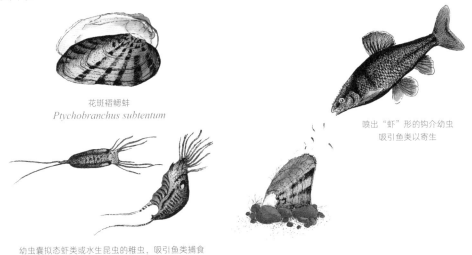

花斑褶鳃蚌
Ptychobranchus subtentum

喷出"虾"形的钩介幼虫
吸引鱼类以寄生

幼虫囊拟态虾类或水生昆虫的稚虫，吸引鱼类捕食

花斑褶鳃蚌的诱导生殖

线纹褶鳃蚌
Ptychobranchus occidentalis (Conrad, 1836)

幼虫囊拟态蝌蚪或鱼苗

线纹褶鳃蚌的诱导生殖

寿命

在双壳纲贝类中，河蚌的寿命相对较长，大部分种类寿命可达 15 年以上，一些长寿的种类诸如佛耳弓背蚌甚至超过 39 年。河蚌在幼体时期大都生长迅速，随着年龄的增长，生长速度逐渐递减。部分河蚌可以通过较明显的生长纹理，大致地估计年龄。一般壳长 10 厘米左右的背瘤丽蚌，需要 15 ～ 16 年的生长周期。

进食和呼吸

河蚌身体后端的进出水管是它们与外界进行物质交换的通道，软体控制河水流入流出外套腔，借以完成摄食、呼吸及排出代谢产物等生理过程。它们在河流中主要滤食水中的硅藻、蓝藻、轮虫等原生生物及有机质颗粒等。不同种类的河蚌取食的微生物组成也不同，只有取食到相应比例的食物，河蚌才会性腺成熟，进而繁育后代。所以只有少数的河蚌适合人工饲养，大多数种类会因为人工水源中的食物不合要求而早早夭折或者无法繁殖。

运动

河蚌在河床中用斧足挖掘潜入泥土或沙土中固定滤食。大部分河蚌幼蚌生活在浅水环境中，水位时常变动，所以幼蚌具备较强活动能力；成年后由于栖息水位变深、壳体厚重等原因，很难进行大幅度的移动，因此就定植在蚌床内群居。在河流水位不变的情况下，成年的河蚌极少活动或不活动。

天敌

河蚌作为一种淡水动物，时时刻刻参与着生命的循环和轮回。河蚌幼年时期易受到捕食，但大部分河蚌成年后，因为较大的体型和坚固的贝壳，加之栖息于深水中，所以几乎没有天敌。

牛背鹭 *Bubulcus ibis*、灰鹭 *Ardea cinerea* 等各种涉禽与游禽都会捕食浅水环境的蚌类成贝。

各种河蚌的幼贝也常常被青鱼 *Mylopharyngodon piceus* 及其他鱼类捕食。

在淡水之中还生活着一些寄生性的环节动物，例如宽体金线蛭 *Whitmania pigra* 等环节动物也会取食蚌类。

深度

受摄食和防御的影响，大部分河蚌对水深都有些要求，主要为了防止天敌捕食。在有藻类层和浮游生物层的水体中，阳光直射可达的深度约为 13 米，从这个深度往上到靠近水面的水域，都可以成为河蚌的理想家园。同时汛期和枯水期、水流和河床生境不同对于河蚌的栖息深度也有着重要影响。

一般水体深度越深，对应的河蚌活动能力越弱。

水深 4 米以上的河床为活动能力强的河蚌的栖息地，如珠蚌、无齿蚌。

水深 5 米以下 9 米以上的河床是大部分固着性河蚌的栖息地，这类河蚌活动能力很弱或近乎无，如尖丽蚌、华蛏蚌。

在水深 9 米左右栖息的一般为大型河蚌，种类较少，如龙骨华蛏蚌等。

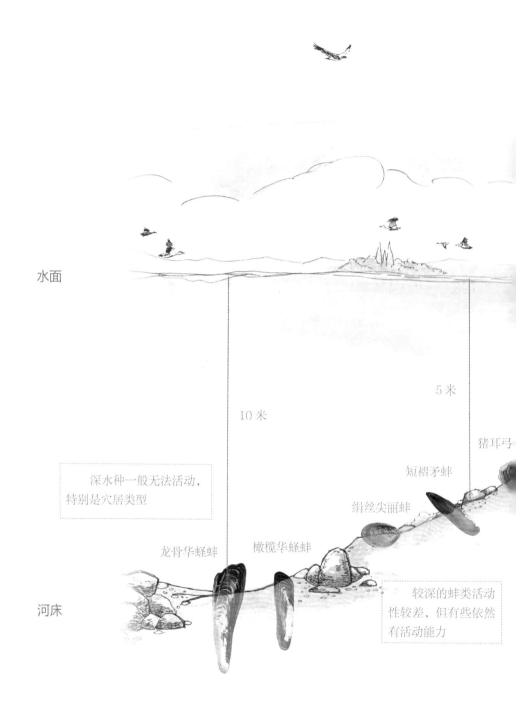

水面

10 米

5 米

猪耳弓

短褶矛蚌

深水种一般无法活动，
特别是穴居类型

绢丝尖丽蚌

龙骨华蛏蚌　　　橄榄华蛏蚌

较深的蚌类活动
性较差，但有些依然
有活动能力

河床

1 米

三角帆蚌

圆顶珠蚌

浅水的种类一般活动
力较强，可以在水位变动
时快速移动

楔蚌

*本示意图仅是相对环境，自然情况下河床或水流、底质等多方因素，会导致栖息深度发生巨大变化。

五、贝壳与河蚌的分类史

人类对贝类的科学认知始于亚里士多德（公元前 384—前 322 年），亚里士多德把贝类分为有壳和无壳 2 大类，在有壳类中又分为单壳、双壳和多壳 3 类，还根据栖息地将贝类分为陆地（包括淡水）和海洋 2 大类。此后 Pliny、Belon、Rondelet 和 Gesmer 等都对贝类分类作出了贡献，至 1685 年李斯特（Lister）《贝类学的记载》（*Historiae Conchyliorum*）出版，才算进展了一大步，在这部著作中描述了许多种类。林奈（Linnaeus）在 1758 年出版其巨著《自然系统》（*Systema Naturae*）第 10 版，根据贝壳形态，命名了大量的贝类，许多命名沿用至今。直至 1795 年居维叶（Cuvier）将贝类解剖学的发现运用到分类学，才弥补了贝壳形态分类的不足，校正了林奈分类学上的许多错误，使贝类的分类学得到了很大改进。18 世纪后，多国开展了大规模海洋调查，出版了许多系统研究软体动物的专著和图志，贝类分类依据由起初的主要依靠外部形态，发展成综合利用贝类内部解剖结构、发生过程、生活习性和生理变化等方面作为依据。20 世纪 70 年代之后，分子生物学技术作为崭新的辅助手段，应用于分类研究，解决了一些形态学上无法解决的问题。然而时至今日，形态学仍然是贝类鉴定和分类的主要手段之一，是开展相关研究工作的基础。

我国对贝类的观察和描述也比较早，《尔雅》中就记载了一些贝类的名称，如魁陆、蚌、蠃等，此后的《相贝经》《艺文类聚》《图经本草》《本草纲目》等都有一些关于贝类形态、生态和利用上的记载，尤其是《本草纲目》，记述了 30 多种贝类药物。但在近代贝类学分类或研究方面，我国则比欧美国家要晚一些，18 ~ 19 世纪，许多外国人在我国获得了一些贝类标本，发表了一些论著，其中最杰出的一个就是 Isaac Lea，他至少描述了我国 32 种淡水双壳类贝类。1868 年，法国传教士韩伯禄（Pierre Marie Heude）来到我国开始系统地采集长江流域的淡水和陆生贝类标本以及西南地区的贝类标本，这些标本现存放于中国科学院动物研究所国家动物标本资源库。他的研究结果撰写成了 2 部著作：《南京和华中淡水贝类》，描述了至少 184 种淡水双壳类贝类，书中的素描插图，线条流畅，明暗关系细腻、微妙，刻画深入，质感强，外壳

形态特征表现准确，是关于中国贝类的经典之作，在130年后的今天仍然有相当重要的学术参考价值；《中华帝国自然历史论文集》描述了淡水和陆生螺类500多种。这2部著作为我国淡水贝类分类研究奠定了基础。1900年，Charles Torrey Simpson 出版了《淡水贝类概论》（*Synopsis of the Naiades, or Pearly Fresh-water Mussels*）一书。书中除了描述一些韩伯禄命名的种，还描述了我国淡水双壳类的7个新种。1910年至1933年期间，Hass 也命名了一些我国淡水双壳类的新种。1928年、1929年北平研究院动物研究所、静生生物研究所相继成立，我国开始有学者对贝类进行考察和研究。秉志、金叔初、张玺、阎敦建等前辈为我国贝类研究做出了贡献，尤其是张玺教授先后发表了《胶州湾海产动物采集报告一至四期》《青岛后鳃类的研究》《胶州湾及附近海产食用软体动物之研究》《田螺科螺蛳属之检讨》《云南淡水软体动物及其新种》等论著，为我国自主开展贝类学研究奠定了良好的基础。1949年之后，我国贝类分类学方面得到了极大发展，学者们对我国贝类自然资源概况进行了大量实地考察。在海洋贝类方面，对北自鸭绿江口、南至南沙群岛的漫长海岸线和广大海域进行过多次考察，除国家组织外还有很多地方性调查。淡水、陆生贝类方面，北自黑龙江，南到海南岛，东起沿海各省，西到西藏先后开展过数次综合性考察和区域调查；例如，1955年中苏云南南部生物考察，1980年后的三峡库区蓄水考察，2005年广东中山市淡水贝类调查，2010～2011年长江流域芜湖段淡水贝类调查等。这些考察获取了一手调查资料，采集了标本，基本上摸清了我国贝类资源及区系组成，为我国贝类的分类、区系的研究积累了大量的基础资料。从事我国淡水贝类研究的学者，如淡水贝类分类学前辈刘月英先生曾数次修订某些资料甚少的物种，也描述过一些新物种。1979年，刘月英先生领衔编著的《中国经济动物志·淡水软体动物》一书主要描述了56种腹足类和48种双壳类淡水软体动物，是我国有关淡水双壳类贝类分类最具影响力的著作之一。2009年，据舒凤月统计，我国共记录有淡水贝类419种，分属于20科82属，其中，腹足类14科61属318种，双壳类6科21属101种，中国特有种共计58种。2013年，何径、庄孜旼编著的《中国淡水双壳纲》（*The Freshwater Bivalves of China*）出版，书中记述了126种淡水双壳类贝类。前后的统计数字差别较大，主要是因为我国淡水双壳类的分类在部分种上仍然争议比较大，归属问题反复变化，许多同物异名或同名异物的现象未厘定。

基于上述背景，中国境内的蚌目物种分类一直以来难有定论。近年来随着分子生物学研究的推进，也让我国的河蚌分类日新月异地变化。另一方面，淡水环境的迅速变化，很多河蚌种类受到干涸、污染等因素的影响，或许在被我们认识之前就已经消失了。河蚌分类工作是一条漫漫长路，路上会有绊脚石，会有错过的风景，一路前行的学者也不知海晏河清要待何时。不过让这些江河湖泊中的生灵以科学的、直观的形象展现在世人面前，让淡水贝类的保护有名可依，这些足以成为分类学者们的动力所在。

六、河蚌的出现与演化

不同类群的淡水双壳贝分别由十几个不同的海栖支系进入淡水河流演化而成，其中一个支系便是今天蚌目物种的祖先。约在距今 2.96 亿年前的石炭纪时期，古异齿亚纲中的一支由海洋进入淡水，经过漫长的演化发展成了当今形形色色的河蚌。在演化过程中，古异齿亚纲中的海生种类几乎灭绝殆尽，如今仅存寥寥数种三角蛤 Neotrigonia 分布在澳大利亚周围的海域中，它们就是和所有河蚌亲缘关系最近的海生贝类。河蚌的祖先进入淡水中生活与它们奇特的生活史有着密切的关联，这种生活史也造就了现今的河蚌与鱼类密不可分的关系。

白兰地三角蛤蜊 Neotriaonia bednalli，与河蚌亲缘关系最近的海贝（林理文　摄）

广西出土的 3500 万年前的带刺丽蚌 Psilunio spinifer Odhner, 1930 化石

河蚌的演化史

七、河蚌与人类文化

河蚌与远古人类

早在6000～7000年前，在长江黄河形成的冲积平原上，那里水草丰茂，肥沃的土地适合耕种，优越的自然环境滋养着人们。农耕社会生产的稻谷可以让先民们免于饥饿之苦，不过动物蛋白质，也是饮食中不可缺少的。河蚌——这水网地带存在着的易于获取的肉类食物，正好成为补充珍贵蛋白质的来源。河蚌活动能力不强，对罕有采集工具的古人，这便是手到擒来的美餐。

在冶炼技术还未诞生的原始社会，河蚌的利用价值不仅仅是食物。古人在长期的生活实践中发现，可以打磨河蚌厚重坚硬的外壳，用作农耕使用的蚌铲，渔猎和战斗使用的蚌刀、蚌矢，从事原始交易的蚌币等。河蚌啮合的内齿，也可能是中国最有特色的建筑结构——榫卯的灵感来源。

河蚌不仅在古人的现实生活中起着作用，还融入了远古时代人们的精神生活之中。河蚌曾有女阴的意象，这是从母系社会生殖崇拜的沃土中生长出来的意识形态。女子佩饰贝壳等于在向男子彰显女身的特性，宣扬可供男子崇拜的价值。

广西崇左市壮族博物馆
穿孔蚌以及蚌刀

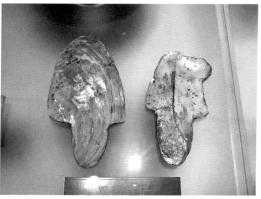

广西崇左市壮族博物馆
用佛耳弓背蚌制作的双肩蚌铲

中国古文化与河蚌

万物变蜕，其理无方。雀雉之化，含珠怀珰。与月亏盈，协气晦望。——晋代·郭璞《蚌赞》

时光推移，春秋战国，五代十国，不断改朝换代，河蚌依然出现在人们的生活之中，而且更多地出现在了文学作品中。那时人们临长江黄河而居，长期与蚌接触，因而衍生出很多与蚌有关的文学作品，产生了鹬蚌相争、老蚌生珠、蚌病成珠等大家已经耳熟能详的成语。

严陵滩势似云崩，钓具归来放石层。烟浪溅篷寒不睡，更将枯蚌点渔灯。——唐代·皮日休《钓侣二章（其二）》

枯蚌指的便是蚌壳，唐代常常用于点灯，安放蜡烛。凄凉天地中，一叶渔舟，小小枯蚌，灯火明灭，落寞如斯。

目穷淮海满如银，万道虹光育蚌珍。天上若无修月户，桂枝撑损向西轮。——宋代·米芾《中秋登望月》

民间传说珍珠的育成与月的盈亏有关，月圆之时蚌则孕珠，把珍珠看做月亮光华的凝结，是可见珍珠在人们心中的价值非凡。

厚贝镶嵌　唐物复原
（陈博文　复原并拍摄）

厚贝镶嵌　唐物复原
（陈博文　复原并拍摄）

清
金累丝嵌东珠龙首耳坠
台北故宫博物院

清
金嵌珍珠宝石圆花
北京故宫博物院珍宝馆

畜牧业和渔业的发展让河蚌变为一种可有可无的食材，人们对河蚌的应用更多地转向艺术品与工业原料。河蚌壳温润的质地和虹彩般的光泽，使得它们被大量用于制作纽扣、餐具等日用品以及螺钿艺术品。与此同时，人们还发现河蚌可以产出一种洁白圆润的坚硬珠子，是制作首饰珠宝的绝好材料。由于河蚌产珠概率很低，这些珠子获得不易，人们就给它们冠上了"珍珠"的美名。

清朝时期，满清皇室追捧一种珍珠——东珠。东珠是源自珠母珍珠蚌 *Margaritifera dahurica* (Middendorff ,1850) 的壳内珍珠质颗粒。满族语言中，tana 特指东珠，清朝统治者把东珠看作珍宝，镶嵌在表示权力和尊荣的冠服饰物上。东珠作为最高等级的装饰品，清朝时期非皇室不能佩戴使用，从某种层面而言，东珠便是皇权的象征。为了保证稳定的东珠供应，满清皇室设置有专门的采珠机构，名为珠轩，珠轩中的采珠人每年到黑龙江、松花江等河流域去采珠。野生的珠母珍珠蚌产珠量极低，在寒冷刺骨的河水中采集更是困难，以至阅宝无数的乾隆皇帝都感叹"三色七采亦时有，百难获一称奇珍"。清史典籍中，形容东珠难得的语句频频可见："每得一珠，实非易事"；往往"易数河不得一蚌，聚蚌盈舟不得一珠"……

满清皇室的狂采滥捕使得黑龙江流域的东珠资源迅速萎缩，如今珠母珍珠蚌已经在黑龙江流域的广大地区消失匿迹，人们只能在博物馆中一览东珠风采。清末战乱纷扰皇室动荡，使得已然式微的东珠采集业彻底走向末路。不过这不意味着人们对珍珠的热情减弱。20 世纪中叶，许多国家开始研究人工养蚌育珠，用不同种类进行试验。在国内，人们采用本土的三角帆蚌 *Sinohyriopsis cumingii* 与日本的日本帆蚌 *Sinohyriopsis schlegelii* 进行人工育珠。这两种河蚌及其杂交后代养殖容易、产珠量大，很快在全国推广开来，它们的珍珠占据我国珍珠产出的绝大多数，让珍珠飞入寻常百姓家。这样一来普通的淡水珍珠就没法成为高端珠宝，它们和生产它们的帆蚌摇身一变，成为旅游景区中随处可见的"开蚌取珠"店铺的主角。

与如今发达的养蚌育珠产业形成鲜明对比的是，野生环境的改变使中国蚌类物种逐渐凋零，除了用于育珠和食用的少数种类之外，大部分本土河蚌都面临种群衰退的困境，一些原本常见的物种近年来却未能有一例活体记录，这不禁令人扼腕叹息。

清
金嵌珍珠宝石圆花
北京故宫博物院珍宝馆

清
金镶东珠菩萨立像
北京故宫博物院

八、世界蚌目物种

全世界淡水双壳纲动物已知 8 目，约 1656 种（Graf，2013），广泛分布于南极洲外的各个大陆的淡水之中；中国分布的淡水双壳纲类群有蚌目 Unionoida、帘蛤目 Veneroida（蚬 Cyrenidae）、贻贝目 Mytiloida（沼蛤 Limnoperna fortunei）、贫齿蛤目 Adapedonta（中国淡水蛏 Novaculina chinensis）等。其中蚌目具有 3 个超科：广泛分布于欧洲及亚洲、北美洲的蚌超科 Unionoidea Rafinesque, 1820，主要分布于中南美洲、非洲的爱瑟蚌超科 Etherioidea Deshayes, 1832，主要分布于大洋洲、中南美洲的海丽蚌超科 Hyrioidea Swainson, 1840。

104.5 毫米　泰国
鲨鳍蚌

Hyriopsis bialata

在全世界的蚌目分布格局中，欧洲和大洋洲的种类相对匮乏，整个欧洲已知 41 种蚌类，大洋洲已知 30 种。亚洲和北美洲种类丰富，分别为 333 种和 304 种。有学者认为，东亚地区和湄公河流域是河蚌发源地之一，这里河流中的物种多数可能是历史悠久的孑遗物种。

北美洲是世界上蚌目物种最为丰富的大陆之一。主要分布于密西西比河流域等北美的诸多河流。

43 毫米　美国
反折斜蚌

Obliquaria reflexa

58 毫米　美国
截刀蚌

Eurynia dilatata

131 毫米　美国
扁弓蚌

Megalonaias nervosa

98 毫米　美国
矩状方蚌

Quadrula quadrula

64 毫米　美国
粟粒水仙蚌

Cyclonaias pustulosa

74 毫米　美国
紫芯水仙蚌

Cyclonaias tuberculata

57 毫米　美国
绿线美丽蚌

Lampsilis fasciola

南美洲的种类相对较少。虽然热带河流纵横于此，但这里的蚌目物种只有 37 种，主要分布于亚马逊河等南美洲的诸多河流中。

65.1 毫米　阿根廷
巴塔哥尼亚菇蚌
Anodontites patagonica
（林理文　摄）

95 毫米　巴西
斯蒂芬蛎蚌
Bartlettia stefanensis
（林理文　摄）

105 毫米　巴西
皱蝠海丽蚌
Prisodon syrmatophorus

49 毫米　乌拉圭
角齿海丽蚌
Diplodon delodontus
（林理文　摄）

非洲的蚌目多样性适中。整个非洲地区的河流和湖泊中分布有约 81 种。蚌超科主要在非洲的北部，爱瑟蚌超科遍布非洲，非洲的坦格尼喀湖和马拉维湖等大型湖泊中有很多特有的蚌类。

80.8 毫米　乌干达维多利亚湖
博贵纳彩蚌
Mutela bourguignati
（林理文　摄）

38.5 毫米　乌干达阿尔伯特湖
施图尔曼蚌
Coelatura stuhlmanni
（林理文　摄）

九、急需保护的河蚌

随着现代化开发，大量的物种濒临灭绝，其中河蚌这一动物类群也同样面临着重大的打击。20世纪以来，全球范围内的淡水双壳种群明显消退，IUCN 濒危物种红色名录中，河蚌类就有 200 种濒临灭绝。Bogan（1998）指出，北美洲曾记录河蚌 297 种，至 1993 年有 19 种灭绝，到 1998 年灭绝达到 35 种。大部分河蚌生活史复杂，生命脆弱，发育周期较长，使得它们成为最难以恢复和保护的动物类群之一。截至 2008 年全世界有 37 种河蚌灭绝，168 种接近灭绝、极度濒危；对于 2021 年的今天来说，其实数字是远远大于此的。由此可见，河蚌类是地球上最易濒危和灭绝的动物类群之一。

河蚌在淡水河川中的生态功能是不可取代，因为滤食习性，其对水体净化有着十分重要的作用。河蚌种类不同，取食的藻类和有机物也完全不同，一条河道水质的洁净，它们有着巨大的功劳。同时它们也是许多中国特有鱼类（鳑鲏亚科和鳈亚科）的共生生物，一旦消失，会导致它们的共生鱼类灭绝，引发生物多样性危机。

由于生长与活动缓慢，生活区域固定，种群极易受到干扰导致流域性灭绝，因此河蚌是淡水环境好坏的指示物种。在淡水生态系统中，它们起着无法替代的作用。

河蚌灭绝和濒危的因素

（1）全球气候变化

近几年全球气候逐渐极端化，反复的厄尔尼诺及拉尼娜气候影响，河流受到气候变化导致的干旱、断流甚至消失等，使得相应的河蚌种群急速缩小或直接灭绝。

（2）污染、开发

河蚌类群最丰富的环境往往是平原的大河，这里也是中国人口最密集的地段。从生活污水到农田化肥，各式各样的水体污染会导致藻类及微生物的种类变化，污染较重则导致大部分河蚌死亡，使得一些特殊的河蚌种类消亡。

还有挖沙和水渠水坝等水利建设，会改变水底环境以及水深，彻底破坏蚌床，使得河蚌种群直接消失。

（3）采集野生蚌类

河蚌是可食用的水产，厚壳的种类则多用于贝壳加工。大量的采集与环境变化的多重压力，使得大部分河蚌种群锐减，从而导致灭绝。除少部分适应力强，生活周期短的河蚌，其余的种类易受灭顶之灾。

（4）原生鱼类的消亡

多数河蚌对鱼类有专性的寄生关系，虽然国内关于河蚌生态的研究知之甚少，但寄主鱼类的消亡可能导致其专性寄生的河蚌直接灭绝。往往鱼类越丰富的流域，河蚌种类也明显增多。

异常气候导致反常的大面积枯水，使得各种各样的河蚌类直接落地成盒

被大量采集的野生河蚌

十、河蚌的生物学分类系统

中国是世界上河蚌类群最为丰富的国家之一，早年 Heude（1874—1885）、Simpson（1900）、Haas（1969）等记录 213 种（含亚种），但多数为无效种或同物异名以及争议物种。根据文献记载，中国目前已知 100 种（吉门帅，2016）。本书收录中国蚌目物种 145 种，其中已知的蚌目物种 102 种，待定种 19 种，可能分布的 20 种，外来输入的 4 种。目前全世界已知的蚌目物种约 982 种，中国约占全世界蚌目物种的 10.3%。

河蚌隶属于双壳纲 Bivalvia，古异齿亚纲 Palaeoheterodonta，蚌目 Unionoida。

该目下具有 3 大超科（superfamily），中国目前仅有蚌超科 Unionoidea 的物种。

中国的河蚌

■ 珍珠蚌科 Margaritiferidae Henderson, 1929

珍珠蚌科的拉丁文名源自拉丁语"margariiferus"，意为孕育珍珠。该科在中国分布有 2 个亚科，为珍珠蚌亚科 Margaritiferinae Henderson, 1929 和弓背蚌亚科 Gibbosulinae Bogan, Bolotov, Froufe & Lopes-Lima in Lopes-Lima et al., 2018。本科物种种类并不多，在全世界零星分布，主要分布在北半球、北美洲、欧洲、北亚地区；在中国，分布该科 6 个物种。

珍珠蚌属
Margaritifera Schumacher, 1816

珍珠蚌属全世界 7 种，中国仅 1 种。属于蚌目较为原始的一支。体中大型，成熟个体一般长 15 ～ 20 厘米；个体差异较稳定；本属外壳轮廓常常近似长椭圆形；壳相对厚，易碎，壳表面生长纹理显著，角质层结构不反光；表面光滑；壳内部珍珠层发达，内齿较发达。

本属主要栖息在较为广阔的天然江河之中。常半掩埋在泥底或者卵石底的水下环境中滤食生活，活动能力较弱；幼体具有相对较强的活动能力，有助于种群扩散，该类的繁殖生态知之甚少。

属分布：主要分布在黑龙江流域，本属的物种有些在当地相对常见，历史产区因采集而区域性种群消失。国外分布于欧洲、北美洲、亚洲北部。

珠母珍珠蚌 少 狭
Margaritifera dahurica (Middendorff, 1850)
模式产地：Transbaikalien 俄罗斯，外贝加尔地区

壳长	60 ～ 200 毫米	壳表	◯	体色	■ ■
形状		体型	大型	水系	AS2

靠近壳顶常腐蚀，生长纹理显著，有些个体表面靠近后背嵴处具备少量条肋。壳较厚，壳内呈白玉质感；壳内内齿较发达，但后侧齿退化消失。本种种间差异较稳定。

生态习性 | 栖息于具有一定流速的大江以及小河中，1 米以下 6 米以上的泥沙底、卵石环境。半掩埋泥沙中滤食生活。

种群 | 由于清朝东珠需求，被大量采集，及后来的工业污染，很多原始记录产地种群已经消失，活体记录仅在某些支流之中，产地有一定数量。现已列为中国国家二级保护动物。

分布 | 黑龙江、内蒙古。国外广布于俄罗斯及蒙古。

75 毫米　黑龙江黑河
2020-11-5

148 毫米　黑龙江黑河
2020-9-6

大多数个体腹缘凹陷

110 毫米　黑龙江齐齐哈尔
2020-9-6

腹缘平直的个体

本种没有侧齿结构

内蒙古产标本普遍老熟

198 毫米　内蒙古
2020-7-5

弓背蚌属
Gibbosula Simpson, 1900

弓背蚌属物种全世界已知5种，中国已知5种。该类个体差异较大，壳厚实，常具有瘤突和褶皱；壳内主体呈白色珍珠质，内齿发达。老挝弓背蚌的分类学地位尚待研究。

属分布：分布相对跳跃，主要分布在长江黄河中下游，南方水系点状分布。国外分布于老挝和越南北部。

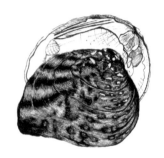

猪耳弓背蚌 少 广 特
Gibbosula rochechouartii (Heude, 1875)

模式产地：Nanking 南京

壳长	60 ～ 130 毫米	壳表		体色	■
形状		体型	中型	水系	AS4

旧时根据形态学被归为丽蚌属 *Lamprotula* Simpson, 1900，曾用名为"猪耳丽蚌 *Lamprotula rochechouarti*"。

壳近三角形，厚重。壳表面呈现黑色质感，生长纹理显著。后背嵴隆起，靠近背缘有粗壮脊状突起；壳内内齿发达。本种种间差异较大，表面具备丰富瘤突，有些个体表面不具备瘤突。

生态习性 | 栖息于流速缓慢的大型江河以及天然大型湖泊中，2米以下8米以上的泥沙底的环境，半掩埋其中滤食生活。

种群 | 能见到稳定种群，同属中为最常见种；在同栖息地蚌目物种比例中，相对较少。

分布 | 江西、湖南、江苏、湖北、河南。历史分布于河北、山东、山西、陕西、江西等省份。

55 毫米　江西修水
2020-12-1

30 毫米　江西南昌
2020-12-2

88 毫米　江西抚河
2020-12-1
背部有条肋的光滑个体
（无瘤个体）

95 毫米　江西鄱阳湖
2020-12-1
完全光滑的个体
（无瘤个体）

100 毫米　江西鄱阳湖
2019-2-23

85 毫米　江西鄱阳湖
2020-12-2

100 毫米　江西鄱阳湖
2019-2-23
狭长形态的个体，
这种形态在猪耳弓背蚌中很常见

百褶弓背蚌 罕 狭 特
Gibbosula confragosa Frierson, 1928
模式产地：North China 中国北部

壳长	120 ~ 200 毫米	壳表		体色	■
形状		体型	大型	水系	AS4

本种壳极厚重，壳重可达 1000g 以上。早年，本种多做贾氏丽蚌 *lamprotula chiai* Chow, 1958，为其同物异名。

壳表面相对光滑，呈现亮黑色质感，生长纹理显著。靠近壳顶处有显著瘤突和条肋，但有些个体光滑；背缘有粗壮脊状突起；壳内呈白玉质感；内齿发达。本种种间差异较大，有些个体表面不具备瘤突和条肋。

生态习性 | 栖息于流速缓慢的大型江河中，2 米以下 8 米以上的泥沙底环境，半掩埋其中滤食生活。

种群 | 近 20 年来未有观测到活体记录，仅国家动物标本资源库有活体标本记录，其余为化石记录。1990 年魏青山教授于河南宿鸭湖记录过现代种群。

分布 | 河北白洋淀、河南宿鸭湖水库。历史分布于陕西、山西、河北、河南、湖北、湖南、安徽、山东。

105 毫米　河北白洋淀
1949-6-21
（国家动物标本资源库　丁亮　摄）

185 毫米　河北保定白沟河
光滑个体

150 毫米　河北保定白沟河
多瘤个体
（黄剑斌）

195 毫米　河北保定白沟河

小瘤弓背蚌 （罕）（狭）（特）

Gibbosula microsticta (Heude, 1877)

模式产地：Rivière Siang 湘江

壳长	80 ~ 130 毫米	壳表		体色	■
形状		体型	中型	水系	AS4

本种有一定争议，可能为百褶弓背蚌的幼体或亚成体，但由于无活体及标本记录，无法对其有效性进行判定。

为中小型种类，壳为近圆形。壳表面呈现黑色质感，生长纹理显著。后背嵴隆起，靠近背缘有粗壮脊状突起；表面具备丰富小瘤突。壳内内齿发达。本种种间差异较大。

生态习性 ｜ 推测其栖息于湍急的大型江河中，半掩埋于 2 米以下 8 米以上的卵石、泥沙底的环境中滤食生活。

种群 ｜ 近几十年未见有标本记录。

分布 ｜ 湖南。历史分布于湖南、湖北。

86 毫米　湖南洞庭湖
2020-5-1

佛耳弓背蚌 （罕）（狭）

Gibbosula crassa (Wood, 1815)

模式产地：unknown 产地未知

壳长	80 ~ 180 毫米	壳表		体色	■ ■
形状		体型	中型	水系	AS5

本种曾用名为"佛耳丽蚌 *Lamprotula mansuyi*"，原归为丽蚌属 *Lamprotula* Simpson、1900。壳极其厚重，厚度能达到 1 厘米以上。

壳为近三角形。壳表曲相对光滑，表面角质层不反光，呈现黑色质感，生长纹理显著。后背崤及靠近背缘有人字形条肋；壳内呈白玉质感，内齿发达。本种种间差异较大，有些个体表面不具备条肋。

生态习性 | 栖息于湍急的大型江河中，2 米以下 8 米以上的卵石的环境，躲藏在卵石中滤食生活。在汛期，栖息水深可达到 20 米左右。

种群 | 由于早年的商业采集与河道破坏污染，本种已经极其罕见，现已列为中国国家二级保护动物。产地仅能见到极少量种群，历史分布的地段种群逐渐消退、消失。

分布 | 本种也是弓背蚌属分布范围最狭窄的种类，国内仅广西的平江河与左江等西江上游的部分江段有分布。国外分布于越南北部平江河流域。

71 毫米　广西崇左
2019-1-2

105 毫米　广西龙州
1974-4
（国家动物标本资源库　丁亮　摄）

112 毫米　广西龙州
1974-4
（国家动物标本资源库　丁亮　摄）

135 毫米　广西龙州
1974-4
（国家动物标本资源库　丁亮　摄）

老挝弓背蚌 罕 狭

Gibbosula laosensis (Lea, 1863)

模式产地：Laos Mountains, Cambodia 老挝，柬埔寨

壳长	80 ～ 150 毫米	壳表		体色	■ ■
形状		体型	中型	水系	AS5

本种由贝壳收藏家尉鹏先生发现于中国云南的湍急河流，国内首次记录。

形态接近珠母珍珠蚌，壳为近长椭圆形，略弯曲。壳表面光滑平整，生长纹理显著，呈现黄褐色亚光质感，壳略厚，壳边缘易开裂。壳内呈白玉质感，内齿较发达。

本种分类地位尚待研究，形态特征与珍珠蚌属接近，分子学显示为弓背蚌属。

生态习性｜ 栖息于湍急的小型江河中，2 米以下 8 米以上的卵石沙底环境，躲藏在卵石中滤食生活。

种群｜ 罕见，数量稀少。

分布｜ 云南东南部、南部。本种化石，商周时期四川南部有出土记录。国外老挝、缅甸、泰国、越南均有分布。

128 毫米　云南南部
2021-3-10
有些个体具有细微瘤突
（尉鹏）

115 毫米　云南南部
2021-3-6
（尉鹏）

135 毫米　云南南部
2021-3-9
显著弯曲个体
（尉鹏）

珍珠蚌属蚌壳多面视图

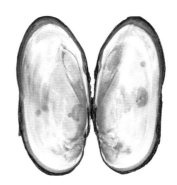

珠母珍珠蚌

弓背蚌属蚌壳多面视图

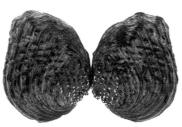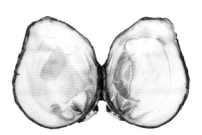

猪耳弓背蚌

百褶弓背蚌

小瘤弓背蚌

佛耳弓背蚌

老挝弓背蚌

▌ 蚌科 Unionidae Rafinesque, 1820

在现存的蚌目科级单位中，蚌科 Unionidae 是种类最为丰富的。该科共有 8 个亚科，中国已知分布 4 个亚科，分别是蚌亚科 Unioninae Rafinesque, 1820、隆嵴蚌亚科 Gonideinae Ortmann, 1916、雕刻蚌亚科 Parreysiinae Henderson, 1935、方蚌亚科 Rectidentinae Modell, 1942。目前，在全世界范围内发现了 764 个物种（共 155 属），并且在全世界 6 个地理区域中都有代表性物种。

▌ 蚌亚科 Unioninae Rafinesque, 1820

蚌亚科种类丰富，全世界已知 164 种，中国已知 67 种，并且依然有新种在发现。该亚科在中国已知蚌族 Unionini Rafinesque, 1820、尖丽蚌族 Aculamprotulini Huang et Wu, 2019、尖嵴蚌族 Acuticostini Starobogatov, 1967、冠蚌族 Cristariini Lopes-Lima, Bogan and Froufe, 2016、鳞皮蚌族 Lepidodesmini Huang et Wu, 2019、矛蚌族 Lanceolariini Froufe, Lopes-Lima, & Bogan in Lopes-Lima et al., 2017。

蚌属
Unio Philipsson in Retzius, 1788

蚌属全世界已知 17 种，中国分布 2 种。该类大部分体长 4 ～ 13 厘米。该类个体差异较为稳定；壳长椭圆形，壳后端收缩近似矛状或圆钝；壳有一定厚度；表面具有细微绒毛，具有丝绒光泽；壳表光滑，生长纹显著；壳内乳白色珍珠质感，具有发达内齿。

本属主要栖息在较为广阔的天然江河中。半掩埋水底泥沙中滤食生活，活动能力较强。幼体具有相对较强的活动能力，有助于种群扩散，该类的繁殖生态知之甚少。蚌属物种数量在国内属于边缘分布，较难调查，种群数量知之甚少。

属分布：国内主要分布在新疆和内蒙古地区。国外主要分布于欧洲、北非、中亚地区。

绘架蚌 少狭
Unio pictorum (Linnaeus, 1758)
模式产地：Europae 欧洲

壳长	90 ～ 130 毫米	壳表	◯	体色	■
形状	〰	体型	中型	水系	EU3

本种种名 *pictorum* 意为"绘架座"，主产欧洲、北亚地区，为欧洲博物学家林奈命名描述，也是最早发表命名的蚌目物种之一。壳厚度适中，壳面纹理较少；壳内内齿不发达；因分布流域不同或者栖息环境不同也会导致形态有很大差异。

生态习性 | 栖息于流速缓慢的大型江河中，1 米以下 4 米以上的泥底或泥沙底、沙底环境，半掩埋其中滤食生活。本种产地河流极为冰冷，常年低温。

种群 | 栖息地有一定数量，活体罕见。

分布 | 新疆阿勒泰、内蒙古等地。国外分布于俄罗斯等地，欧洲广布且常见。

76 毫米　新疆额尔齐斯河
2019-6
特殊形态

110 毫米　新疆额尔齐斯河
2019-6
深色个体

93 毫米　新疆额尔齐斯河
2019-6
（杨骥洲）

130 毫米　新疆额尔齐斯河
2019-6
本种标本角质层极易开裂

圆蚌
Unio tumidus Philipsson in Retzius, 1788
模式产地：Europae 欧洲

壳长	60 ～ 90 毫米	壳表	◯	体色	■
形状		体型	小型	水系	EU3

　　本种近似绘架蚌，壳体显著膨胀，壳内结构不同。主产欧洲、俄罗斯等国家，之前国内并未记载描述，为罕见种。壳厚度适中，壳面纹理较少；壳内内齿不发达。

　　生态习性| 栖息于流速缓慢的大型江河中，1米以下4米以上的泥底或泥沙底、沙底环境，半掩埋其中滤食生活。本种产地河流极为冰冷，常年低温。

　　种群| 产地仅发现1枚死壳，未见活体记录。

　　分布| 新疆阿勒泰地区。国外分布于俄罗斯等地，欧洲广布。

89毫米　新疆布尔津
2019-6

蚌属壳多面视图

绘架蚌

圆蚌

珠蚌属
Nodularia Conrad, 1853

珠蚌属全世界已知 10 种左右，中国分布 4 种。该类为小型河蚌，大部分体长 4 ～ 8 厘米。有些种类是中国最为常见的河蚌，有些种类可能是同物异名，本属很多物种的分类学地位待考究。

本属主要栖息在较为广阔的天然江河和天然湖泊中。半掩埋水底淤泥中滤食生活，活动能力较强，适应性强。该类的繁殖生态知之甚少。

属分布：分布广泛，主要分布在长江黄河流域、珠江流域等。国外分布于越南、老挝等。

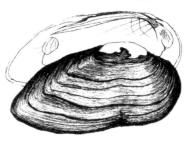

圆顶珠蚌 普 广
Nodularia douglasiae (Griffith & Pidgeon, 1833)
模式产地：原始描述未记录模式产地，模式标本未查明

壳长	50 ～ 80 毫米	壳表	◯	体色	■
形状		体型	小型	水系	AS2、AS4、AS5

本种是中国最为常见的河蚌之一，适应性极强，广泛生活在各种水域中。本种形态变化极大，分布广泛，各个地域之间均有差别。中国东北部地区分布的圆顶珠蚌，常常被认为是日本珠蚌，但分子学显示本种还是圆顶珠蚌。

壳表面具细微绒毛，带有细微丝绒光泽，正常个体黑色，底色呈黄色或绿色。壳厚度适中，壳面纹理较少或较多，背缘侧常有条肋；壳内内齿较发达。本种形态有很大差异。

生态习性｜栖息于流速缓慢的江河或者湖泊中，适应性极强。1 米以下 4 米以上的泥底或泥沙底、沙底环境，半掩埋其中滤食生活。

种群｜数量较多，分布广泛，是最常见的河蚌之一。

分布｜河北、河南、山西、陕西、浙江、福建、江西、湖北、湖南、江苏、广东、四川、贵州、山东、辽宁、吉林、黑龙江、内蒙古、台湾、海南、广西、重庆、上海、安徽。国外在俄罗斯、越南等地广布。

43 毫米　广东珠江
2019-8-9

13 毫米　福建三明
2017-6-5

54 毫米　广东云浮
2019-8-18

79 毫米　河南信阳
2019-12-5

115 毫米　江西修水
2019-12-16
极端狭长的大个体

壳顶具有丰富条肋

49 毫米　福建三明
2018-9-18
有些个体表面布满细小瘤突

51 毫米　福建三明
2018-9-19
带有珍珠的个体

61 毫米　四川成都
2020-7-3
外套膜病变导致壳内凹凸不平

67 毫米　江苏无锡
2019-11-18

78 毫米　湖北武汉
2019-12-2
尾部上翘的个体

78 毫米　黑龙江哈尔滨
2020-8-5
黑龙江产的往往被认为是日本珠蚌，
但分子学检测本种仍为圆顶珠蚌
（董瑞航）

83 毫米　山东济宁
2019-7-8
壳体极度膨胀的个体

85 毫米　湖南长沙
2019-5-3
壳近椭圆个体

道尔珠蚌 普 狭

Nodularia dorri (Wattebled, 1886)

模式产地：Hué (Annam) 顺化，安南 今越南顺化

壳长	30 ～ 60 毫米	壳表	⬠	体色	⬛⬛
形状	🐚	体型	小型	水系	AS5

　　本种分类学地位不明，极接近圆顶珠蚌，缺少分子学数据，暂无定论。

　　壳表面光亮，正常个体底色呈黄色或橙褐色。壳厚度适中，壳面纹理较少，背缘侧常有条肋；壳内内齿较发达。本种分布流域不同或者栖息环境不同也会导致形态有很大差异。

生态习性| 栖息于流速缓慢的大型江河中，1 米以下 4 米以上的泥沙底、沙底、卵石底环境，半掩埋其中滤食生活。

种群| 在产地数量较多，分布狭窄。

分布| 广西西南部地区。国外分布于越南北部。

33 毫米　广西崇左
2020-9-5

42 毫米　广西来宾
2020-9-18

57 毫米　广西崇左
2020-9-5
成熟个体表面磨损严重

51 毫米　广西贵港
2020-9-18

55 毫米　广西来宾
2020-9-18

花纹珠蚌

Nodularia persculpta Haas, 1910

模式产地：Hunan, Mittelchina 中国湖南

壳长	15 ～ 35 毫米	壳表		体色	■
形状		体型	小型	水系	AS4、AS5

本种极罕见，仅检视到 2 枚标本，形态十分接近东南亚广布的糙蚌属 *Scabies* Haas, 1911，分类学尚有争议。

壳表面质感光滑，但带有复杂的深绿色嵴状褶皱；底色呈黄色。壳薄但坚韧，背缘侧常有条肋；壳内内齿较退化。

生态习性｜推测栖息于流速缓慢的小型河流中，水位较浅的泥沙底、沙底环境，半掩埋其中滤食生活。

种群｜罕见，种群未知，分布狭窄。

分布｜广东。本种四川、湖南亦有存疑的历史记录，但未见有活体记录。

17 毫米
这是 1 枚泰国产的糙蚌，与本种极为近似，有待讨论

18 毫米　广东云浮

24 毫米　广东广州
（张莹斌　摄）

粗糙珠蚌 （少）（狭）
Nodularia nuxpersicae (Dunker, 1848)
模式产地：China est. 中国

壳长	15 ～ 30 毫米	壳表		体色	■
形状		体型	小型	水系	AS5

本种曾用名为"中国糙蚌 *Scabies chinensis*"，原归于糙蚌属 *Scabies*，为同物异名。壳表面质感光滑，但带有复杂的嵴状褶皱；正常个体壳表底色呈黄色或褐色。壳薄但坚韧，背缘侧常有条肋；壳内呈珍珠白色，内齿较退化。

生态习性｜ 栖息于流速缓慢的中小型江河中，水位较浅的泥沙底、沙底环境，半掩埋其中滤食生活。

种群｜ 分布较为狭窄，近些年种群略有退化趋势。

分布｜ 广东。国外越南可见。

21 毫米　广东广州
2020-12-9

24 毫米　广东广州
2020-7
有些个体形态会比较特殊

25 毫米　广东广州
2021-1-3
壳顶常常有腐蚀

28 毫米　广东广州
2020-11-8

30 毫米　广东广州
2020-1-18
成熟的个体表皮呈灰色

珠蚌属壳多面视图

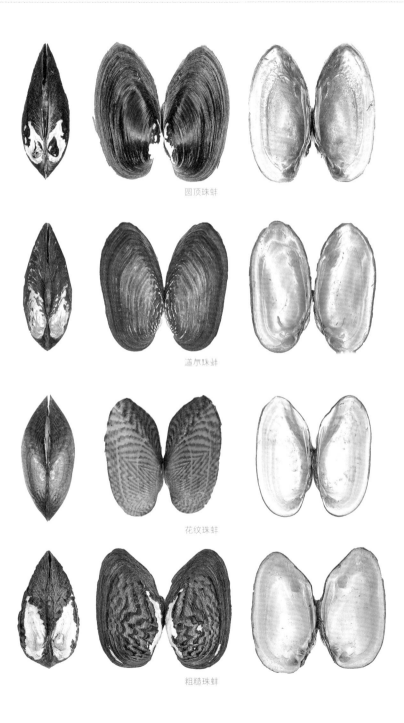

圆顶珠蚌

道尔珠蚌

花纹珠蚌

粗糙珠蚌

米氏蚌属
Middendorffinaia Moskvicheva & Starobogatov, 1973

米氏蚌属全世界已知 1 种，中国分布 1 种。该类为小型河蚌，外观极度近似珠蚌属，其壳顶以及幼贝壳表面均有细碎的褶皱。本属的物种为中国新记录物种。

属分布：米氏蚌属物种主要分布于俄罗斯，国内仅见黑龙江、内蒙古等边缘地区的河流，中国属于边缘分布。

蒙古米氏蚌 罕 狭
Middendorffinaia mongolica (Middendorff, 1851)
模式产地：Amur land 阿穆尔地区 位于中国东北

壳长	40 ～ 70 毫米	壳表		体色	■ ■
形状		体型	小型	水系	AS2

本种稀有少见，仅黑龙江、内蒙古边缘地区偶见记录；极近似圆顶珠蚌 *N. douglasiae*，但幼贝及壳顶具有复杂细碎的褶皱状条肋，外壳质感略有不同，但形态多变不易区分。

壳表面靠近壳顶处具有褶皱状条肋，壳面纹理较少或较多，背部略弓起；正常个体黑色，底色呈黄色或绿色。壳厚度适中，壳内内齿较发达。本种形态有很大差异。

生态习性 | 栖息于流速缓慢的江河中，近岸浅水或 3 米以上的泥底或泥沙底、沙底环境，半掩埋其中滤食生活。

种群 | 数量稀少。

分布 | 国内仅见黑龙江、内蒙古。国外分布于俄罗斯。

46 毫米　黑龙江同江支流
2020-8-6

蒙古米氏蚌壳多面视图

楔蚌属
Cuneopsis Simpson, 1900

楔蚌属全世界已知 5 种，中国原记录 4 种，新增加 1 种中国新记录种中越楔蚌，目前国内已知分布 5 种。该类为中小型河蚌，大部分体长 5 ～ 12 厘米。多数壳楔形，因此得名。壳有一定厚度，有些种类厚重，如江西楔蚌。

本属喜在较为广阔，有一定流速的天然江河中栖息。楔蚌属物种除圆头楔蚌外，数量都相对较少，并不是常见种类。诸如微红楔蚌，曾经广布常见中下游地带，近几年难以寻觅活体，为大部分分布地区域性消失种群。

属分布：主要分布在长江黄河流域、珠江水系、闽江水系等各个南方小水系。中越楔蚌越南可见。

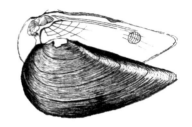

圆头楔蚌 (普)(广)(特)
Cuneopsis heudei (Heude, 1874)
模式产地：Nanking 南京

壳长	60 ～ 110 毫米	壳表	◯	体色	■
形状		体型	小型	水系	AS4

本种为楔蚌属最广布的种类之一，也是最为常见的楔蚌。

壳表面光滑，具有细微绒毛，呈亚光灰色；底色黑灰色。壳后端末端尖锐，靠前端膨胀；壳有一定厚度；后背嵴突起，有些个体靠近后端背缘具有多道凹陷突起的条肋；壳内内齿发达。本种种间差异较稳定。

生态习性 | 栖息于流速缓慢的大型江河以及天然大型湖泊中，2 米以下 6 米以上的泥底或泥沙底的环境，半掩埋其中滤食生活。

种群 | 分布广泛，在分布区域内相对常见。

分布 | 福建、浙江、江西、湖南、湖北、台湾、安徽、河南、河北、山东。

85 毫米　江西抚州
2020-9-1

35 毫米　湖南洞庭湖
2020-1-3

47 毫米　福建福州
2020-1-12

55 毫米　湖北襄阳
2020-12-3
（叶茂　摄）

110 毫米　河南信阳
2019-4-5

矛形楔蚌 少广特
Cuneopsis celtiformis (Heude, 1874)

模式产地：Kiang-Si, Fou-tcheou 江西，抚州

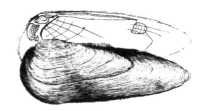

壳长	80 ~ 140 毫米	壳表	⬭	体色	■
形状	〰	体型	中型	水系	AS4

本种壳为长楔形，壳表面光滑，具有细微绒毛，呈灰色金属质感；底色橙黄色或深红色。壳后端末端尖锐；壳表面光滑，左右显著不对称；壳有一定厚度；壳内内齿发达。本种种间差异较稳定。

生态习性｜栖息于有一定流速的大型江河以及天然大型湖泊中，3 米以下 6 米以上的泥底或泥沙底的环境，半掩埋其中滤食生活。

种群｜分布广泛，呈点状分布，数量较少。

分布｜江西、湖南、江苏、湖北、安徽、河南。

41 毫米　江西南昌
2020-12-3

88 毫米　江西南昌
2020-11-19

95 毫米　江西南昌

98 毫米　江西南昌
2020-12-1

129 毫米　江西南昌
2020-12-1

江西楔蚌 罕 狭 特
Cuneopsis kiangsiensis (Tchang & Li, 1965)

模式产地：江西省上饶市瑞洪镇，信江流域

壳长	80 ～ 140 毫米	壳表	⬭	体色	■
形状	🐚	体型	中型	水系	AS4

　　本种自中国贝类学家李世成先生 1965 年发表后，罕有标本记录，一度是极其罕见的楔蚌属物种。2019 ～ 2021 年笔者多次在鄱阳湖地区考察，均未发现本种活体。仅仅在南鄱阳湖一处河流支流发现残存的死壳，数量极少。该河流十分湍急且为沙质，流段多处被挖沙破坏。

　　本种接近矛形楔蚌，壳体呈短胖矛形，壳后端末端尖锐；壳表面光滑并具有细微绒毛，呈金属灰色，壳底色黑色，左右显著不对称；壳有一定厚度；壳内内齿发达。本种种间差异较稳定。

生态习性 | 栖息于流速较快的大型江河中，3 米以下 6 米以上的沙底或泥沙底的环境，半掩埋其中滤食生活。

种群 | 罕见，活体仅有零星记录。

分布 | 目前仅发现于江西鄱阳湖南部。化石至亚化石显示本种曾经广泛分布于长江、黄河中下游地区。

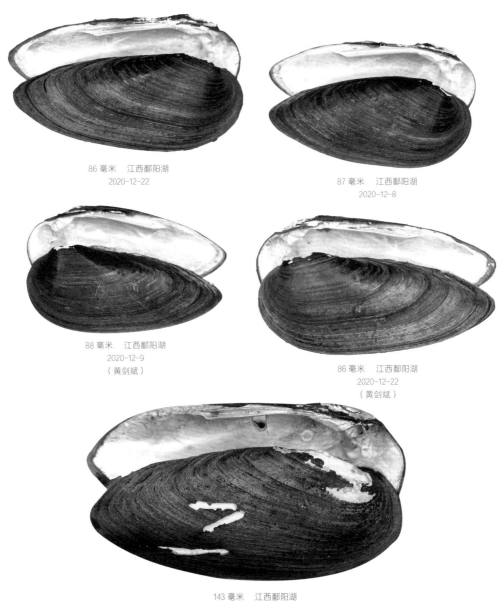

86 毫米　江西鄱阳湖
2020-12-22

87 毫米　江西鄱阳湖
2020-12-8

88 毫米　江西鄱阳湖
2020-12-9
（黄剑斌）

86 毫米　江西鄱阳湖
2020-12-22
（黄剑斌）

143 毫米　江西鄱阳湖
2020-12-6
（黄剑斌）

微红楔蚌 ⟨罕⟩⟨狭⟩⟨特⟩

Cuneopsis rufescens (Heude, 1874)

模式产地：Fou-tcheou (Kiang-Si) 抚州，江西

壳长	60 ～ 110 毫米	壳表	⬭	体色	■
形状	〰	体型	小型	水系	AS4

本种原为常见种，自 2010 年后，多地种群退化，现今难以寻觅，原因未知，可能因为寄主鱼类的消亡而消退。笔者多次鄱阳湖地区考察未见本种。

壳为楔形，偏长方形。壳表面光滑，具有细微绒毛，呈灰色金属质感；壳底色暗红色。壳后端尖锐，背缘靠末端略微隆起；壳有一定厚度；壳内内齿发达。本种种间差异较稳定。

生态习性 | 栖息于流速较快的大型江河以及天然大型湖泊中，3 米以下 6 米以上的沙底、卵石底或泥沙底的环境，半掩埋其中滤食生活。

种群 | 曾经分布广泛，目前呈点状分布，数量稀少。

分布 | 江西、湖南。本种历史上也广布长江、黄河流域，多地有化石亚化石记录。

71 毫米　江西南昌
2010-1-2
（吴超　摄）

35 毫米　江西南昌
2009-12-5

76 毫米　江西南昌
2020-11-24
（陈重光　摄）

中越楔蚌 _少 _广

Cuneopsis demangei (Haas, 1929)

模式产地：Vletnam, Song Day River near Vietri Tonkin 越南，德江

壳长	50～80毫米	壳表	⬭	体色	■
形状	⬭	体型	小型	水系	AS5

　　本种为中国新记录种。2019年笔者在广东珠江流域首次发现本种活体记录，数量极少。贝类爱好者董瑞航先生2020年在西南地区的热带河流中也记录到本种，为本种增添了多笔珍贵记录。在编写本图鉴时，笔者好友丁亮先生检视国家动物标本资源库标本时发现了贝类学家刘月英老师1957年采集于海南东方的待定标本，也为中越楔蚌。至此64年的疑惑，终于烟消云散，这也是本种国内最早的记录。这也标志着楔蚌属已知现生种，在国内全部分布，中国为本属重要产地。

　　本种近似圆头楔蚌，壳表面光滑，壳表面亚光质感，略带绒毛有金属光泽；生长纹明显；幼贝黄绿色，成贝呈黑色。壳后端末端尖锐，壳有一定厚度，后背嵴隆起明显；壳内内齿发达。本种种间差异较稳定。

生态习性 ┃ 栖息于流速较快的中小型江河中，3米以下6米以上的泥沙底的环境，半掩埋其中滤食生活。

种群 ┃ 少见，种群不明。

分布 ┃ 广东珠江，广西，云南东南部，海南岛。国外越南可见。本种推测由某次冰期导致珠江水系联通越南海南等水系，致使扩散。

45毫米　海南东方
1957-3
（中科院国家动物标本资源库　刘月英
丁亮　摄）

72毫米　云南元江
2021-2-1
（董瑞航）

55 毫米　广西黔江
2021-1-2

84 毫米　广东珠江
2020-4-1

43 毫米　广东珠江
2019-12-1

楔蚌属壳多面视图

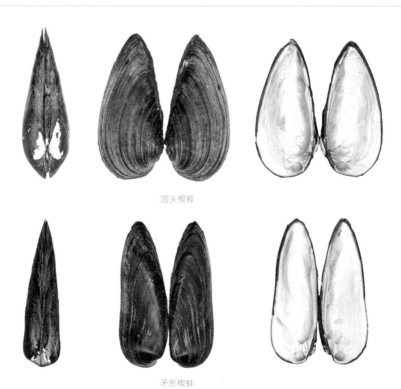

圆头楔蚌

矛形楔蚌

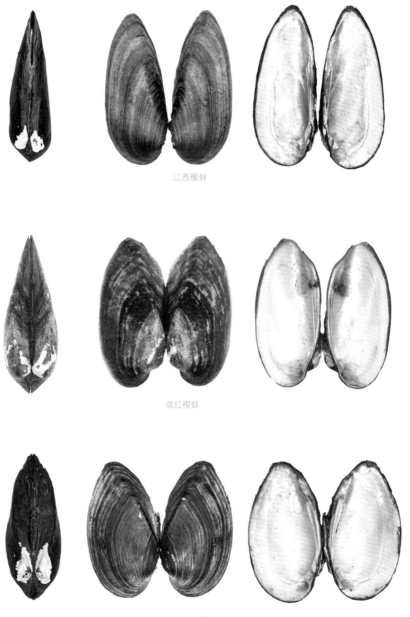

江西楔蚌

微红楔蚌

中越楔蚌

扭楔蚌属

Tchangsinaia Starobogatov, 1970

扭楔蚌属全世界已知 1 种，中国已知 1 种。本属由于壳形扭曲，故名扭楔蚌属。其喜在较为广阔，有一定流速的天然江河中栖息。折楔蚌属物种在长江流域相对常见。

属分布：主要分布在长江、黄河流域。

鱼尾扭楔蚌 少

Tchangsinaia pisciculus (Heude, 1874)

模式产地：Dans la rivière de Ning-Kouo-fou et au Kiang-Si 宁国府和江西的河流 今安徽省宣城市和江西省

壳长	60 ～ 130 毫米	壳表	◯	体色	■
形状		体型	中型	水系	AS4

本种曾用名为"鱼尾楔蚌 *Cuneopsis pisciculus*"，原归属于楔蚌属 *Cuneopsis* Simpson, 1900。壳为楔形，左右极度不对称，呈现弯曲状，是国内河蚌少见的弯曲状的种类（广西产个体有不弯曲个体存在）。

壳表面光滑，具有细微绒毛，呈银灰色金属质感；底色黑色。壳后端末端尖锐，背缘靠末端略微隆起；壳有一定厚度。本种种间差异较稳定。

生态习性| 栖息于流速缓慢或较快的大型江河以及天然大型湖泊中，3 米以下 6 米以上的泥沙底的环境，半掩埋其中滤食生活。

种群| 分布广泛，呈点状分布，某些产地数量较大。

分布| 江西、福建、湖南、江苏、湖北、河南。历史上在长江、黄河流域广布，河北、山西等地有亚化石出土。国外越南也有一笔分布记录。

67 毫米　江西南昌
2020-1-2

95 毫米　江西南昌
2020-1-2

132 毫米　江西抚河
2020-1-5

26 毫米　江西南昌
2020-1-1

88 毫米　江西修水
2020-1-8

100 毫米　江西抚州
2020-1-2

湖南产｜该形态十分独特，和标准型鱼尾扭楔蚌有显著稳定的差别。分类尚待研究

84 毫米　湖南资水
2020-1-5

86 毫米　湖南资水
2020-1-5

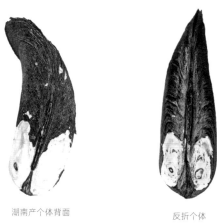

湖南产个体背面　　　　　　　反折个体

广西产 | 该形态类似湖南产，但壳体弯曲程度极小，多个标本如此体现，具有稳定差异。分类尚待研究

98 毫米　广西桂林
2020-11-2
（刘屹峰）

广西产个体背面

鱼尾扭楔蚌壳多面视图

伪楔蚌属
Psendocuneopsis Huang, Dai, Chen & Wu, 2022

伪楔蚌属全世界已知 2 种，中国已知 2 种。本属喜在较为广阔，有一定流速的天然江河中栖息。伪楔蚌属物种除巨首伪楔蚌外，其余种类罕见。

属分布：主要分布在长江黄河流域。

巨首伪楔蚌 少 狭 特
Pseudocuneopsis capitatus (Heude, 1874)

模式产地：Environs de Tong-lieou et de Lu-Kiang 东流和庐江周围 东流和安徽省东至县东流镇和安徽省庐江县

壳长	60 ~ 140 毫米	壳表	⬭	体色	◼
形状	🐚	体型	中型	水系	AS4

本种曾用名为"巨首楔蚌 *Cuneopsis capitatus*"，原归属于楔蚌属 *Cuneopsis* Simpson, 1900。壳为楔形，壳表面光滑，具有细微绒毛，带有金属光泽。壳体常略弯曲，壳后端末端尖锐，靠前端极度膨胀，横截面近似球形；壳有一定厚度，十分厚重；壳内内齿发达。本种种间差异较稳定。

生态习性 ｜ 栖息于流速缓慢的大型江河以及天然大型湖泊中，3 米以下 6 米以上的泥底或泥沙底的环境，半掩埋其中滤食生活。

种群 ｜ 曾经分布广泛，但呈点状分布，在分布区域内相对常见。大部分产地种群均消退。

分布 ｜ 江西、湖南、江苏。历史分布于江西、湖南、湖北、安徽、河南、河北、浙江。

113 毫米　江西昌江
2020-12-29

124 毫米　江西昌江
2019-12-19

107 毫米　江西昌江
2019-12-6
生长扭曲的特殊个体

53 毫米　江西昌江
2020-1-3

143 毫米　河北小清河
亚化石

97 毫米　江西昌江
2020-2-15

98 毫米　江西昌江
2020-1-3
腹缘平滑的特殊个体

四川伪楔蚌 呈 濒 特

Psendocuneopsis sichuanensis Huang, Dai, Chen&Wu,2022

模式产地：四川成都柏条河

壳长	50～60毫米	壳表	⬭	体色	⬛
形状	🐚	体型	小型	水系	AS4

本种罕见，目前仅知四川分布，为鱼类学者陈重光先生采集。

外观特殊，外壳轮廓近似弯曲水滴形。壳表面光滑，呈现亚光质感，略带绒毛质感，生长纹明显；后背嵴到壳后端末端靠近背缘处有一道凹陷，越靠末端越显著，为本种特有标志。壳后端末端尖锐或圆钝，且扭曲；幼贝黄绿色，成贝呈棕色；壳有一定厚度，壳内内齿发达。本种间差异较稳定。

生态习性 | 栖息于流速较快的小型浅水河沟，1米以上的泥沙底、沙石底环境，半掩埋其中滤食生活。

种群 | 罕见，种群不明。

分布 | 四川。

53毫米　四川成都
2019-1-3
（陈重光）

57毫米　四川成都
2019-1-3
（陈重光）

58 毫米　四川成都
2019-1-3
（陈重光）

63 毫米　四川成都
2019-1-2
（陈重光）

伪楔蚌属壳多面视图

巨首伪楔蚌

四川伪楔蚌

裂嵴蚌属
Schistodesmus Simpson, 1900

裂嵴蚌属全世界仅 2 种，中国已知 2 种。本属分子学接近尖嵴蚌属物种，且都为小型种，成熟个体仅 3 ～ 4 厘米左右。本属主要栖息在有一定流速的江河中，对水质有一定要求。

属分布：主要分布在长江、黄河的水网地带，为中国广布属。

射线裂嵴蚌 普 广 特

Schistodesmus lampreyanus (Baird & Adams, 1867)

模式产地：Shanghai 上海

壳长	40 ～ 60 毫米	壳表		体色	■ ■
形状		体型	小型	水系	AS4、AS5

本种壳表面光滑，带有绿色条纹。靠近壳顶处常常腐蚀；生长纹理显著，呈凹凸状；壳较厚，壳内呈白玉质感；壳内内齿较发达。个体差异较小。

生态习性 | 栖息于流速缓慢的大型江河或者较大的天然湖泊中，1 米以下 4 米以上的泥沙底环境，半掩埋其中滤食生活。

种群 | 分布较广，数量较多。

分布 | 山东、安徽、河南、河北、湖南、湖北、江苏、广东、广西、浙江、福建。

36 毫米　福建南平
2020-8-5
（黄剑斌）

40 毫米　湖北梁子湖
2020-8-19
（刘鑫）

45 毫米　河南信阳
2020-12-16

53 毫米　江西鄱阳湖
2020-12-21

54 毫米　江西修河
2020-12-4
（王冰）

54 毫米　江西修河
2020-12-4
（王冰）

棘裂嵴蚌 （少）（广）（特）

Schistodesmus spinosus (Simpson, 1900)

模式产地：La rivière de Ning-kouo fou, celle de T'sing-yang hien (Ngan-houé) 宁国府和青阳县的河流（安徽）今安徽省宣城市和青阳县

壳长	30 ～ 35 毫米	壳表	◯	体色	■ ■
形状	〰️	体型	小型	水系	AS4

　　本种壳表面光滑，具有细微绒毛，带有绿色条纹。靠近壳顶处常常腐蚀；生长纹理显著，呈凹凸状；后背嵴带有 2 ～ 3 个刺状突起；壳较厚，壳内呈白玉质感；壳内内齿较发达。本种个体差异较小。

生态习性 | 栖息于流速缓慢的大型江河或者较大的天然湖泊中，1 米以下 4 米以上的泥沙底环境，半掩埋其中滤食生活。

种群 | 分布较广，但数量较少。

分布 | 湖南、安徽、河南、浙江、江西、福建、广东。

22 毫米　福建三明
2019-11-5

32 毫米　江西南昌
2020-12-1
（黄剑斌）

29 毫米　江西南昌
2020-11-2

9 毫米　福建三明
2018-4-5

35 毫米　湖南洞庭湖
2020-12-1
（黄剑斌）

36 毫米　江西上饶
2020-2-1
（黄剑斌）

裂嵴蚌属壳多面视图

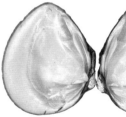
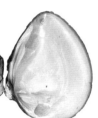

射线裂嵴蚌

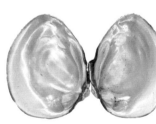

棘裂嵴蚌

尖丽蚌属
Aculamprotula Wu, Liang, Wang & Ouyang, 1999

尖丽蚌属为中小型河蚌，全世界已知 12 种，中国分布 12 种，该类分类学还有待梳理，一些物种可能存在同物异名。

本属属级特征为侧齿上密布尖锐小齿，但不稳定；壳厚重，主体厚鼓；壳表面具备绒毛，常带有金属丝绒质感；多具备瘤突，条肋；后背嵴发达弯曲，常有条肋；壳内内齿发达；该类个体差异大。

本属主要栖息在较为广阔的天然江河和天然湖泊中。半掩埋水底淤泥中滤食生活，活动能力较弱；该类的繁殖生态知之甚少。尖丽蚌属物种大多数数量都相对较少，并不是常见种类。

属分布：主要分布在长江、黄河中下游流域。

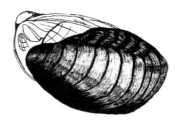

失衡尖丽蚌 普 广 特
Aculamprotula tortuosa (Lea, 1865)
模式产地：China 中国

壳长	60 · 120 毫米	壳表		体色	
形状			体型	小型	水系	AS4

本种曾用名为失衡丽蚌"*Lamprotula tortuosa*"，原归属于丽蚌属 *Lamprotula* Simpson, 1900 是尖丽蚌属物种中较原始的种类。

壳表面具备细微绒毛，呈银灰色金属光泽；主体呈黄绿色；生长纹细微。壳顶隆起，并向左或向右扭转，有些并不扭转，主体厚鼓，左右两壳不对称或对称。多数表面光滑，无瘤突，也有个体生长纹显著或带有凹陷；后背嵴靠背缘具有粗肋；壳内乳白色珍珠质感，壳较厚；壳内内齿发达。个体差异相对稳定。

生态习性 | 栖息于流速缓慢的大型江河以及天然大型湖泊中，3 米以下 8 米以上的泥底、泥沙底环境，半掩埋其中滤食生活。

种群 | 在产地某些地区有一定数量种群，呈点状分布。

分布 | 江西、湖南、湖北、河南、江苏、安徽、福建。

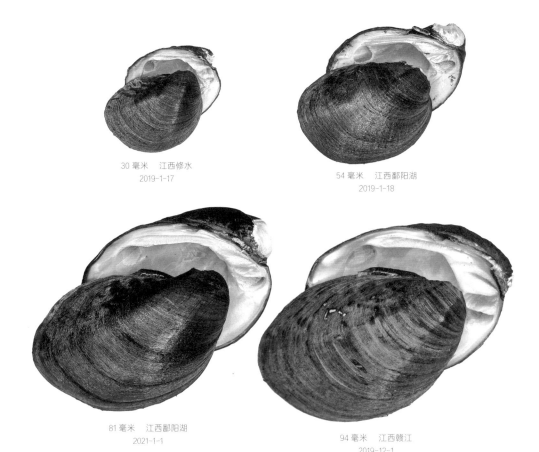

30 毫米　江西修水
2019-1-17

54 毫米　江西鄱阳湖
2019-1-18

81 毫米　江西鄱阳湖
2021-1-1

94 毫米　江西赣江
2019-12-1

95 毫米　江西赣江
2019-11-28
扭曲方向相反的个体

绢丝尖丽蚌 <small>少 广 特</small>

Aculamprotula fibrosa (Heude, 1877)

模式产地：rivière Siang, Iang-tze (the type locality of syntype)
中国湖南湘江、长江

壳长	80～140 毫米	壳表	⬭ 🔘	体色	⬛
形状	🐚	体型	中型	水系	AS4

本种曾用名为"绢丝丽蚌 *Lamprotula fibrosa*"，原归属于丽蚌属 *Lamprotula* Simpson, 1900 壳表面具备细微绒毛，呈银灰色金属光泽；主体呈黄绿色；生长纹显著。主体厚鼓，左右两壳对称或不对称；多数具备复杂瘤突结构，也有个体光滑；后背鳍发达，具有人字形粗肋，或不显著；壳厚重，壳内乳白色珍珠质感；内齿发达。本种个体差异极大。

生态习性 | 栖息于流速缓慢的大型江河以及天然大型湖泊中，3 米以下 8 米以上的泥底或泥沙底的环境，半掩埋其中滤食生活。

种群 | 在产地某些地区有一定数量，大部分分布区域数量稀少。现已列为中国国家二级保护动物。

分布 | 湖南、湖北、安徽、江西、江苏、河南。历史分布于江西、浙江、湖南、湖北、安徽、河南、河北、陕西、山东。

标准型 |

78 毫米　江西昌江
2020-1-16

35 毫米　江西抚河
2020-1-2

143 毫米　江西周溪
2019-1-8
体型大的绢丝尖丽蚌成熟个体

108 毫米　江西周溪
2020-1-18
少见的金色表皮个体

瘤突过渡 |
绢丝尖丽蚌形态十分多样，瘤突等特征常常因此变化，因而找到过渡形态的标本十分重要，避免将多样的个体作为独立物种

96 毫米　江西周溪
2019-12-1
光滑个体

98 毫米　江西赣江
2020-12-1
少瘤个体

106 毫米　江西修水
2020-1-1
多瘤个体

厚重型 |
这个形态的绢丝尖丽蚌壳体极度膨胀，比一般的个体更为厚重

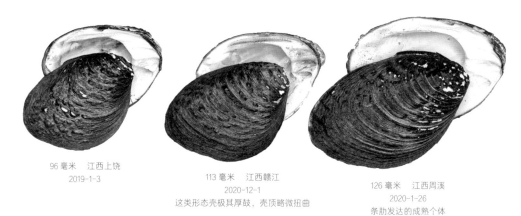

96 毫米　江西上饶
2019-1-3

113 毫米　江西赣江
2020-12-1
这类形态壳极其厚鼓，壳顶略微扭曲

126 毫米　江西周溪
2020-1-26
条肋发达的成熟个体

刻裂型 |
这种形态早期一直被认为是刻裂尖丽蚌，因其具有刻裂尖丽蚌的外形特征——羽状刻裂的陷纹

92 毫米　江西周溪
2012-16
近似刻裂尖丽蚌的个体在绢丝尖丽蚌中十分常见

92 毫米　江西周溪

有些个体出现刻裂状凹陷，
这是刻裂尖丽蚌的外形特征

95 毫米　江西周溪
2020-1-28
有些个体甚至完全没有瘤突以及条肋

狭长型|
这类形态的绢丝尖丽蚌外壳形态狭长

89 毫米　江西九江
2020-1-18
瘤突较少的狭长个体

95 毫米　江西九江
2019-7-5
瘤突适中的狭长个体

128 毫米　江西周溪
2020-12-3
瘤突发达的狭长个体

天津尖丽蚌 少 广 特
Aculamprotula tientsinensis (Crosse & Debeaux, 1863)

模式产地：Tien-tsin, China septentrionalis, in flumine
Pei-ho 中国天津，北河

壳长	80～120 毫米	壳表		体色	■
形状		体型	小型	水系	AS4

本种曾用名为"天津丽蚌 *Lamprotula tientsinensis*"，原归属于丽蚌属 *Lamprotula* Simpson, 1900。与绢丝尖丽蚌形态十分接近，其外观差异仅壳表环肋较多，壳体略膨胀，分子学上二者显著不同。壳表面具备细微绒毛，呈银灰色金属光泽；主体呈黑或黄绿色；生长纹显著。主体厚鼓，左右两壳不对称或对称；多数具备复杂带状瘤突结构，也有个体瘤突较少；后背嵴发达，具有人字形粗肋或无；壳厚重，壳内乳白色珍珠质感；内齿发达。个体差异较大。

生态习性| 栖息于流速缓慢的大型江河以及天然大型湖泊中，3 米以下 8 米以上的泥底，泥沙底或卵石的环境，半掩埋其中滤食生活。

种群| 在产地某些地区有一定数量，大部分分布区域数量稀少。

分布| 江西、湖南、湖北、安徽、河南、河北。

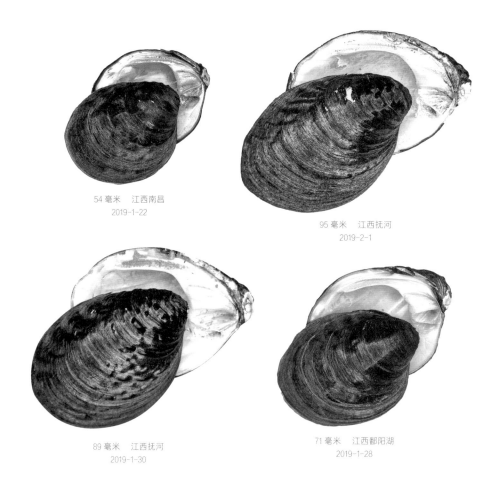

54 毫米　江西南昌
2019-1-22

95 毫米　江西抚河
2019-2-1

89 毫米　江西抚河
2019-1-30

71 毫米　江西鄱阳湖
2019-1-28

湖南产！
湖南资江上游产的一种尖丽蚌，推测可能是天津尖丽蚌，但外形却相差甚远，鉴于尖丽蚌属外观的极端多变，只能进行分子学上的分类鉴定，可惜未取得活体组织，无法鉴定。该产地水流十分湍急，且标本个体普遍较小，仅 60 ～ 75 毫米

48 毫米　湖南资水
2019-12-24

53 毫米　湖南资水
2019-12-19

55 毫米　湖南资水
2019-12-4

67 毫米　湖南资水
2019-12-1
壳体扭曲的个体

68 毫米　湖南资水
2020-1-1
瘤突发达个体

左右壳显著不对称

环带尖丽蚌 少 狭 特

Aculamprotula zonata (Heude, 1883)

模式产地：Ning-kouo fou, au sud de la ville　宁国府南部　今安徽省宣城市一带

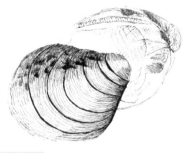

壳长	60 ~ 120 毫米	壳表		体色	■ ■
形状		体型	小型	水系	AS4

　　本种曾用名为"环带丽蚌 *Lamprotula zonata*"，原归属于丽蚌属 *Lamprotula* Simpson, 1900 与天津尖丽蚌近似，尚缺少分子学研究。

　　壳近椭圆形。壳表面具备细微绒毛，呈银灰色金属光泽；主体底色呈墨绿色，黄绿色，具有色带；生长纹显著。壳顶略向内倾斜，主体厚鼓，左右两壳极不对称；多数表面光滑，瘤突较少或无瘤突，壳面具有条形粗嵴环带；后背嵴靠背缘具有粗肋，或无条肋；壳厚重，壳内乳白色珍珠质感；内齿发达。个体差异极大。

生态习性 | 栖息于流速缓慢的大型江河以及天然大型湖泊中，3 米以下 8 米以上的泥沙底环境，半掩埋其中滤食生活。

种群 | 本种分布较狭窄，在产地呈点状分布，数量较少。

分布 | 湖南、江西、安徽。

109 毫米　江西周溪
2019-1-22

110 毫米　江西周溪
2019-12-22

41 毫米　江西都昌
2019-11-30

壳面无瘤突

61 毫米　江西都昌
2019-12-25

81 毫米　江西鄱阳湖
2019-12-4

多瘤尖丽蚌 少 狭 特
Aculamprotula polysticta (Heude, 1877)
模式产地：rivière Siang 今湖南湘江

壳长	60～90 毫米	壳表		体色	
形状		体型	小型	水系	AS4

本种曾用名为"多瘤丽蚌 *Lamprotula polysticta*"，原归属于丽蚌属 *Lamprotula* Simpson, 1900。历史上长期把本种江西鄱阳湖产的个体作为独立种近似丽蚌 *Lamprotula similaris*，早年 Hende 描述的近似丽蚌已知为无效种，为多瘤尖丽蚌的同物异名。

壳近三角形或椭圆形、圆形，形态多变；壳表面质感呈亚光，靠近前端腹缘侧面，具细微银灰色绒毛；主体呈亮黄色；生长纹显著。主体厚鼓，左右两壳对称；具备复杂瘤突结构；后背嵴发达弯曲，具有人字形粗肋；壳较厚，壳内乳白色珍珠质感，内齿发达。种内个体变化极大。

生态习性 | 栖息于流速较快的大型江河中，3 米以下 8 米以上的泥沙底的环境，半掩埋其中滤食生活。

种群 | 在产地零星可见，数量稀少难见。现已列为中国国家二级保护动物。

分布 | 湖南、江西。历史分布于河北、河南、湖北、四川、陕西、山西。

江西产侧面 |
该产地的标本一直被认为是近似丽蚌

84 毫米　江西抚河
2019-12-25
深色的个体，难以与其他尖丽蚌区分

88 毫米　江西抚州
2019-12-26

93 毫米　江西抚州
2019-12-25
新鲜个体呈现鲜艳黄色

91 毫米　江西抚州
2019-12-25
瘤突较少的个体

68 毫米　湖南资水
2020-1-5

85 毫米　湖南资水
2020-1-5

88 毫米　湖南资水
2020-1-5
表面深色个体

43 毫米　湖南资水
2020-1-5

湖南产特殊形态 |

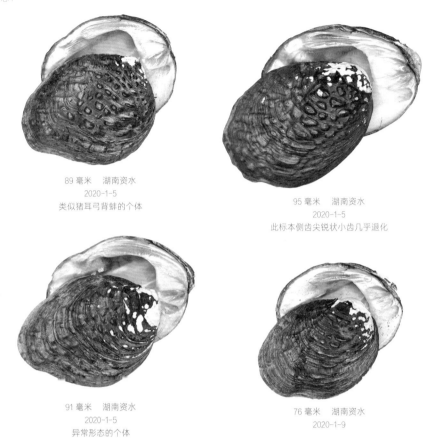

89 毫米　湖南资水
2020-1-5
类似猪耳弓背蚌的个体

95 毫米　湖南资水
2020-1-5
此标本侧齿尖锐状小齿几乎退化

91 毫米　湖南资水
2020-1-5
异常形态的个体

76 毫米　湖南资水
2020-1-9

待定种 |
该形态十分特殊，整体圆滚膨胀，瘤突较少，并且有稳定差别，但可能还是多瘤尖丽蚌的特殊形态

67 毫米　湖南资水
2020-1-18

70 毫米　湖南资水
2020-1-9

铆钮尖丽蚌 少 狭

Aculamprotula nodulosa (Wood, 1815)

模式产地：Tokin: Rivière Calaire (the type locality of syntype) 东京卡拉尔河 今越南北部

壳长	70 ～ 90 毫米	壳表		体色	■ ■ ■
形状		体型	小型	水系	AS5

本种分类学地位待考证，其分子学接近绢丝尖丽蚌，和绢丝尖丽蚌关系近缘；形态学和绢丝尖丽蚌却相差甚远。

壳近椭圆形；壳表面具备细微绒毛，呈银灰色金属光泽；主体呈黄绿色或红色；生长纹显著。主体厚鼓，左右两壳不对称；多数具备复杂瘤突结构，也有个体瘤突较少；后背嵴发达，具有人字形粗肋；壳较厚，壳内乳白色珍珠质感；内齿发达。个体差异极大。

生态习性 | 栖息于流速较快的大型江河中，3 米以下 8 米以上的泥底，泥沙底或卵石的环境，半掩埋其中滤食生活。

种群 | 分布狭窄，在产地某些地区有一定数量。

分布 | 广东、广西。国外越南可见。

标准型 |

66 毫米　广西贵港
2021-1-1

90 毫米　广西贵港
2019-1-1

98 毫米　广西贵港
2019-1-1
成熟个体表面常腐蚀

特殊形态丨

80 毫米　广西贵港
2019-1-1
肋状突起发达个体

81 毫米　广西贵港
2019-1-1
异常形态的个体

87 毫米　广西贵港
2019-1-13
形态圆润的个体

广西上林黄色型丨
该地区个体普遍偏小，产地多为湍急清澈的小河。壳表呈亮黄色，壳左右对称率相对较高

48 毫米　广西南宁上林
2020-12-3

51 毫米　广西南宁上林
2020-12-4

53 毫米　广西南宁上林
2020-12-1
有些个体瘤突较少

53 毫米　广西南宁上林
2020-12-3

53 毫米　广西南宁上林
2020-12-3
背面，本产地左右壳几乎对称

广西崇左红色型 I
广西崇左左江产的个体颜色普遍为深红色，十分特殊

34 毫米　广西崇左
2019-1-1

45 毫米　广西崇左
2019-1-1

51 毫米　广西崇左
2019-1-2

广西桂林产 I

64 毫米　广西桂林
2019-12-24

83 毫米　广西桂林
2019-7-9
相对光滑的个体

85 毫米　广东珠江
2018-5-1
丰富瘤突的个体

34 毫米　广西桂林
2019-12-4

广尖丽蚌 罕 狭

Aculamprotula kouangensis (Simpson, 1900)

模式产地：Kouaug-te-tcheou, China 广德州，中国 今安徽省
宣城市广德县

壳长	60 ～ 90 毫米	壳表		体色	■
形状		体型	小型	水系	AS4

　　本种种名 "*kouangensis*"，来源于中国地名安徽
省宣城市广德县。国外学者将本种分类至丽蚌属，但
壳顶窝深、铰合部粗壮等特点为尖丽蚌属独有特征。
本种较为奇异，可惜未见标本，因而还需讨论本种有
无可能是其他尖丽蚌属物种。

　　壳近椭圆形，生长纹显著。多数具备复杂瘤突结
构，也有个体瘤突较少；主体厚鼓，左右两壳不对称；
后背嵴发达，内具有人字形粗肋；壳较厚，内齿发达。
个体差异极大。

生态习性 | 推测其栖息于流速缓慢的大型江河中，
3 米以下 8 米以上的泥底，泥沙底环境，半掩埋其中
滤食生活。

种群 | 已知分布狭窄，种群未知。

分布 | 安徽省宣城市广德县。

法国传教士 P. R. Heude 原始文献中
广尖丽蚌的手绘图

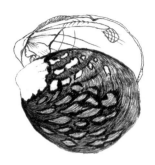

朝鲜尖丽蚌 ⓡ 狭

Aculamprotula coreana (Martens, 1886)

模式产地：Im Hangang, 15 km oberhalb Söul in Korea
韩国首尔南方 15km 的汉江

壳长	60 ～ 80 毫米	壳表		体色	■
形状		体型	小型	水系	AS2

　　本种曾用名为"朝鲜丽蚌 *Lamprotula coreana*"，原归属于丽蚌属 *Lamprotula* Simpson, 1900。在国内未记录活体，仅发现亚化石。本种分子学上与刻裂尖丽蚌近缘，其分布主要为朝鲜半岛，种群可能由某次冰期黄河贯穿会合朝鲜半岛的水系后独立分化。

　　壳近三角形或椭圆形，形态多变；壳表面质感呈亚光，靠近前端腹缘侧面，具细微银灰色绒毛；主体呈黄色；生长纹显著。主体厚鼓，左右两壳对称；壳表面具备复杂瘤突结构；后背嵴发达弯曲，具有人字形粗肋；壳厚重，壳内乳白色珍珠质感，内齿发达。本种种内个体变化较大。

生态习性 | 本种在韩国的记录为深水种，栖息在汉江 8 ～ 9 米深的泥沙底河床中。

种群 | 在产地仅见亚化石。

分布 | 辽宁、吉林。国外朝鲜半岛均有分布。

67 毫米　辽宁鸭绿江
2020-8-28

刻裂尖丽蚌 少 广 特
Aculamprotula scripta (Heude, 1875)

模式产地：Nanking, Hoai 中国南京，淮河流域

壳长	90 ～ 140 毫米	壳表		体色	■
形状		体型	中型	水系	AS4

本种曾用名为"刻裂丽蚌 *Lamprotula scripta*"，原归属于丽蚌属 *Lamprotula* Simpson, 1900。壳表面具备细微绒毛，呈银灰色金属光泽；主体呈黄色或绿色、红色，带有色带；生长纹显著。壳顶略向内倾斜，主体厚鼓，左右两壳不对称；多数表面带有瘤突，中部常有羽状雕刻凹陷；后背嵴靠背缘具有粗肋；壳厚重，壳内乳白色珍珠质感；内齿发达。个体差异极大。

生态习性 ｜ 栖息于流速缓慢的大型江河以及天然大型湖泊中，3 米以下 8 米以上的泥底，泥沙底环境，半掩埋其中滤食生活。

种群 ｜ 历史上分布较广，在产地相对多见。现在很多原有产地，种群已消退。现已列为中国国家二级保护动物。

分布 ｜ 江西、江苏、福建、湖南、河南、安徽。历史分布于河北、河南、湖南、湖北、陕西、安徽、江苏、江西。

标准型的生长形态变化 ｜
本种每个生长形态都有比较大的差别，幼贝往往被当作不同的种类

21 毫米　江西南昌
2020-1-12

46 毫米　江西南昌
2020-1-18

58 毫米　江西抚河
2019-11-18

98 毫米　江西抚河
2019-11-30
陷纹复杂的个体

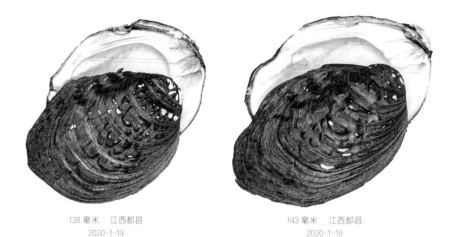

138 毫米　江西都昌
2020-1-19

143 毫米　江西都昌
2020-1-18
本种有些成熟个体尾部会延长

多瘤型 |

腹部瘤突集中的个体，
局部会因瘤突而隆起

89 毫米　江西抚河
2019-11-14

91 毫米　江西抚河
2019-2-1

125 毫米　江西都昌
2019-1-26

绢丝型 |

此型的刻裂尖丽蚌多被误认为是绢丝尖丽蚌。绢丝尖丽蚌壳表多具有绢丝质感，刻裂尖丽蚌的壳表呈灰色

96 毫米　江西抚河
2019-1-29

126 毫米　江西都昌
2020-1-27

98 毫米　江西抚河
2019-1-16

光滑型！

光滑无瘤突

110 毫米　江西抚河
2019-12-1

圆润型！
此型多被误认为是背瘤丽蚌，多数壳体偏扁薄，不厚鼓，也有厚鼓个体

腹部有显著凹陷的个体

101 毫米　江西抚河
2020-12-19

117 毫米　江西抚河
2019-11-2

瘤突几乎消失，只有环肋的个体

57 毫米　江西抚河
2021-1-1

81 毫米　江西抚河
2021-1-1

滇越尖丽蚌 （罕）（狭）

Aculamprotula blaisei (Dautzenberg & Fischer, 1905)

模式产地：Tonkin, Bas Luc Nam, Village de Van-Ien 东京 今越南北部

壳长	80 ～ 90 毫米	壳表		体色	■
形状		体型	小型	水系	AS5

　　本种国内极罕见，仅检视 1 枚标本，在国内属于边缘分布。本种的分类学争议颇大，根据形态学，应归属尖丽蚌属；国外有学者认为归丽蚌属。

　　壳表面具备细微绒毛，呈银灰色金属光泽；主体底色呈黄绿色或红色。壳顶端略扭转，主体厚鼓，左右两壳接近对称；生长纹显著，多数具备瘤突结构，也有个体瘤突较少；后背蜻发达，具有人字形粗肋；壳较厚，壳内乳白色珍珠质感；内齿发达。

生态习性 | 栖息于流速缓慢的大型江河中，5 米以下 8 米以上的泥沙底环境，半掩埋其中滤食生活。

种群 | 分布狭窄，数量稀少罕见。

分布 | 国内仅云南东南部。国外越南可见。

89 毫米　云南河口

大齿尖丽蚌 少广特

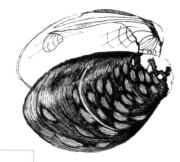

Aculamprotula grandidens (Lea, 1862)

模式产地：Huang He (Yellow) River, China 中国黄河流域

壳长	60～100 毫米	壳表	⬭ ⬭	体色	■
形状	🐚	体型	小型	水系	AS4

本种未记录活体，是已经灭绝的亚化石种类。其有效性有很大的疑问。模式产地所产标本，检视亚化石与现生的种类对比有很大的差别，但检视其形态结构很可能为绢丝尖丽蚌或天津尖丽蚌的亚化石个体。

壳近三角形或椭圆形，形态多变。壳表面质感呈亚光，靠近前端腹缘侧面，具细微银灰色绒毛；主体呈暗绿色或黑色；生长纹显著。主体厚鼓，左右两壳不对称；壳表面具备复杂瘤突结构；后背嵴发达弯曲，具有人字形粗肋；壳极厚重，壳内乳白色珍珠质感，内齿发达。种内个体变化较大。

生态习性 | 未知本种生态。

种群 | 在产地仅见亚化石。

分布 | 山东、河北、陕西、山西。

58 毫米　河北小清河
2019-7-12

98 毫米　河北小清河
2019-8-3

三巨瘤尖丽蚌 （罕）（狭）（特）

Aculamprotula triclava (Heude, 1877)

模式产地：la rivière Siang (prov. de Hou-Nan) 中国湖南湘江

壳长	150～200 毫米	壳表		体色	■
形状		体型	大型	水系	AS4

这是一个极具特色且知名的尖丽蚌属物种。曾用名为"三巨瘤丽蚌 *Lamprotula triclava*"，原归属于丽蚌属 *Lamprotula* Simpson, 1900。其分类学地位待考究，国外有学者认为其为丽蚌属的物种，根据外壳结构形态分析，可能是尖丽蚌属物种，或是单属种；目前暂时归为尖丽蚌属。本种活体数年未见，无法进行分子学研究，其标本主要来自各地死亡多年的亚化石样本。

外观特殊显著。壳为三角形，近似不对称弯曲水滴型；壳表面几乎没有细微绒毛，表面较为光滑；正常个体黑色。壳较同属其他种厚很多，壳面纹理清晰，侧面带多个明显小瘤突，后背嵴从壳顶向外具多个巨大瘤突，靠背缘条肋细腻不显著；壳内珍珠白玉质感，内齿发达。本种种间差异较稳定。

生态习性｜ 栖息于流速缓慢的大型江河中以及天然大型湖泊，2 米以下 8 米以上的泥底或泥沙底的环境，半掩埋其中滤食生活。

种群｜ 近十几年来未有活体、标本记录，可能已灭绝。

分布｜ 江西、湖南、浙江。历史分布于陕西、山东、河南、河北、安徽、湖北、湖南、浙江、江西。

110 毫米　河北保定
2020-3-15
亚化石
（叶茂　摄）

195 毫米　河北保定
2021-3-15
亚化石

147 毫米　江西鄱阳湖
2019-1-2

163 毫米　湖南岳阳湘江
2018-7

特殊形态 I
该类巨大瘤突的显著特征几乎不变，外形轮廓会有较大差异

瘤突紧凑排列壳顶

外形较狭长

181 毫米　河北保定
2020-3-15
亚化石

190 毫米　河北保定
2021-3-15
亚化石

尖丽蚌属壳多面视图

几乎对称的个体　　　　　向左扭曲的个体　　　　　向右扭曲的个体

尖丽蚌属物种，不等壳现象较多，外观变化较大

失衡尖丽蚌

绢丝尖丽蚌

天津尖丽蚌

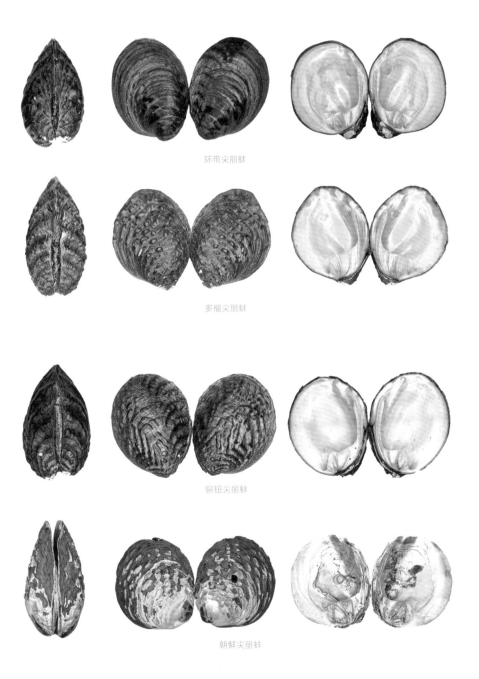

环带尖丽蚌

多瘤尖丽蚌

铆钮尖丽蚌

朝鲜尖丽蚌

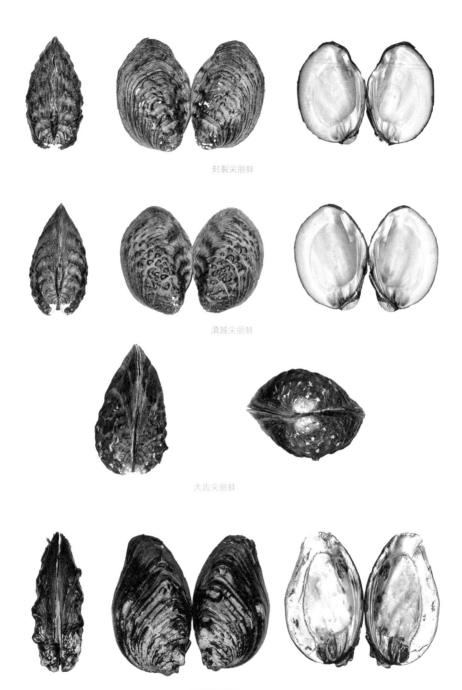

刻裂尖丽蚌

滇越尖丽蚌

大齿尖丽蚌

三巨瘤尖丽蚌

尖嵴蚌属
Acuticosta Simpson, 1900

尖嵴蚌属为小型河蚌，全世界已知 4 种，中国目前分布 4 种。大部分体长 2 ～ 4 厘米。该类个体差异较为稳定；壳近三角形或卵圆形，壳后端略尖或圆钝；壳体较膨胀，有一定厚度；表面光滑或具有褶皱，具有一定光泽；后背嵴隆起；壳面呈黄色，大部分具有色带；壳内乳白色珍珠质感，具有内齿。

属分布：分布于长江流域及其以南各省。

中国尖嵴蚌 普 广 特
Acuticosta chinensis (Lea, 1868)
模式产地：Hong Kong, China 中国香港

壳长	20 ～ 55 毫米	壳表	⬭	体色	■
形状	🐚	体型	小型	水系	AS4、AS5

本种为小型蚌，是本属最为常见的种类。

壳为椭圆形，后端末端圆钝或较尖；整体较为厚鼓；壳表面光滑或具有褶皱；壳有一定厚度，壳面生长纹理清晰；后背嵴略隆起，上常有瘤突；壳呈黄色并具有绿色色带；壳内内齿发达。本种种间差异较大。

生态习性 | 栖息于流速缓慢的大型江河以及天然大型湖泊中，2 米以下 4 米以上的泥沙底的环境，半掩埋其中滤食生活。

种群 | 常见，有一定数量。

分布 | 福建、广东、安徽、江西、浙江、四川、湖南、湖北、河南等地。

25 毫米　福建三明
2019-1-2
（高涵 摄）

38 毫米　湖北黄冈
2019-1-2
（高涵　摄）

35 毫米　福建建瓯
2019-1-3
有些个体体态狭长

53 毫米　福建建瓯
2019-2-1
（高涵　摄）

43 毫米　四川成都
2021-1-2
（高涵　摄）

62 毫米　江西鄱阳湖
2019-12-2

56 毫米　河南信阳
2019-1-1
（高涵　摄）

勇士尖嵴蚌 （罕）（广）（特）

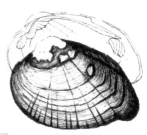

Acuticosta retiaria (Heude, 1883)

模式产地：Ning-kouo fou et du Tché-tcheou fou 宁国府和池州福府 今安徽省宣城市和池州市

壳长	20 ～ 25 毫米	壳表	◯	体色	■
形状	🐚	体型	小型	水系	AS4

本种少见，与中国尖嵴蚌 *A. chinensis* 十分接近，但其内齿结构较为特殊，近似三槽尖嵴蚌。本种曾经被多数学者认为是中国尖嵴蚌 *A. chinensis* 的异名。

外壳轮廓呈近三角形或卵圆形，整体较为厚鼓。靠近壳顶处常常腐蚀；壳有一定厚度，壳面生长纹理清晰；后背嵴隆起，至壳面中心略凹陷；壳呈黄色，具有细微的绿色色带；壳外缘靠尾部常凹陷；壳内呈现珍珠白色或暗黄色，内齿发达。本种种间差异较大。

生态习性｜ 栖息于流速较快或较慢的小型或大型河流中，泥沙底和沙底的环境，半掩埋其中滤食生活。本种的原始描述其生活在异常湍急的河流之中。

种群｜ 数量稀少，难以见到，死壳常与三槽尖嵴蚌混生。

分布｜ 江西、湖南、浙江、安徽、福建等地。

22 毫米　福建九龙江
2011-1-2

25 毫米　江西波阳磨刀石公社
1963-4-4
（国家动物标本资源库　丁亮　摄）

31 毫米　湖南常德
1962-4-20
（国家动物标本资源库　丁亮　摄）

三槽尖嵴蚌 少 广 特

Acuticosta trisulcata (Heude, 1883)

模式产地：rivière de Jao-tcheou fou, dans le Kien-té hien 饶州府与建德县的河流 今江西省鄱阳县和安徽省东至县

壳长	20 ～ 30 毫米	壳表	(((|||	体色	■
形状		体型	小型	水系	AS4

本种形态特征近似任田倒齿蚌，分类地位待考究。本种曾经产地相对常见，但近些年因未知原因数量减少，推测可能与寄主鱼类的消退有关。

壳近等边三角形，整体较为厚鼓；靠近壳顶处具有多道长条形凹槽与条肋，本种因此而得名。壳有一定厚度，壳面生长纹理清晰；后背嵴隆起；壳呈黄色，无绿色色带；壳内内齿退化。本种种间差异较稳定。

生态习性 | 栖息于流速缓慢或较快的大型、小型江河以及天然大型湖泊中，2 米以下 4 米以上的泥沙底的环境，半掩埋其中滤食生活。

种群 | 数量稀少，难以见到。

分布 | 福建、江西、湖南、浙江等地。

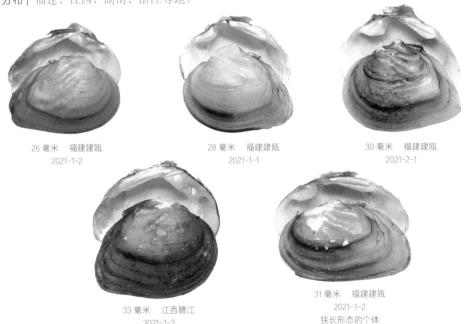

26 毫米　福建建瓯
2021-1-2

28 毫米　福建建瓯
2021-1-1

30 毫米　福建建瓯
2021-2-1

33 毫米　江西赣江
2021-1-2

31 毫米　福建建瓯
2021-1-2
狭长形态的个体

四川尖嵴蚌 罕 狭 特

Acuticosta sichuanica Zeng & Liu, 1989

模式产地：四川省蒲江县

壳长	26～30毫米	壳表	((((	体色	■
形状		体型	小型	水系	AS4

本种罕见，未见采集到标本，也未检视到模式标本。依据原始手绘，本种形态特殊；可惜未能见到活体进行分子学手段重新鉴定本种，十分遗憾。

壳小，外形呈卵圆形。前背缘短而底下，后背缘平直，与腹缘近于平行；壳面从壳顶中部有五条似同心状的凹槽，最下一条较长、粗大；壳面呈黄褐色、黑褐色。壳内珍珠层鲑肉色或污白色，内齿发达。

生态习性 | 推测其栖息于流速较快的浅水小河中，泥沙底的环境，半掩埋其中滤食生活。

种群 | 未知。

分布 | 四川。

尖嵴蚌待定种 罕 广 特

Acuticosta sp.

壳长	30～45毫米	壳表	○	体色	■
形状		体型	小型	水系	AS4

本种罕见，该标本由鱼类学家李帆先生采集而得。本种后背部发达的个体，与中国尖嵴蚌 *A. chinensis* 差异显著。本种一度被多数学者认为是中国尖嵴蚌 *A. chinensis* 的异名，通过分子学手段重新鉴定本种。

外壳轮廓呈椭圆形，整体较为厚鼓。靠近壳顶处常常腐蚀；壳有一定厚度，壳面生长纹理清晰；

后背嵴隆起显著，直观而言这是与中国尖嵴蚌最显著的差异，但不少个体依旧难以区分。壳呈黄色，具有绿色色带；壳内呈现珍珠白色或暗黄色，内齿发达。本种种间差异较大。

生态习性 | 栖息于流速较快、深度 1 米左右的小河中，泥沙底、沙石底的环境，半掩埋其中滤食生活。

种群 | 数量稀少，难以见到。

分布 | 江西、湖南、浙江、安徽。

34 毫米　浙江钱塘江
2021-2-1
（李帆）

35 毫米　浙江钱塘江
2021-2-2
（李帆）

36 毫米　浙江钱塘江
2021-2-16
（李帆）

39 毫米　浙江钱塘江
2021-2-15
（李帆）

45 毫米　浙江钱塘江
2021-2-17
（李帆）

48 毫米　浙江钱塘江
2021-2-16
（李帆）

部分尖嵴蚌属壳多面视图

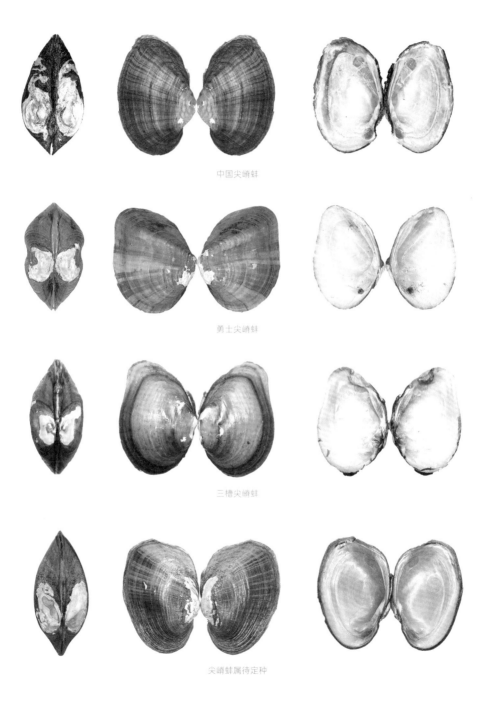

中国尖嵴蚌

勇士尖嵴蚌

三槽尖嵴蚌

尖嵴蚌属待定种

鳞皮蚌属
Lepidodesma Simpson, 1896

鳞皮蚌属全世界已知 2 种，中国已知 2 种，都为中国特有种。本属为中大型河蚌，大部分体长 15 ～ 20 厘米。该类极具特色，壳表面具有显著密集生长纹，呈凹凸的同心嵴分布，壳体显著膨胀。

本属主要栖息在较为广阔的天然江河和天然湖泊中，半掩埋水底淤泥中滤食生活，活动能力较弱。鳞皮蚌属物种数量都相对较少，并不是常见种类。

属分布：主要分布在长江、黄河中下游流域。

高顶鳞皮蚌 （少）（广）（特）
Lepidodesma languilati (Heude, 1874)
模式产地：Nanking 南京

壳长	170 ～ 240 毫米	壳表		体色	■
形状		体型	大型	水系	AS4

本种壳表面质感光亮，呈黄绿色。生长纹显著密集，壳面具有细致紧密的同心嵴分布；主体厚鼓；后背嵴发达弯曲；壳较薄，壳内黄白色珍珠质感；内齿退化，仅剩特化的侧齿有啮合作用。个体差异较为稳定。

生态习性 | 栖息于流速缓慢的大型江河以及天然大型湖泊中，3 米以下 8 米以上的泥底或泥沙底的环境，半掩埋其中滤食生活。

种群 | 在产地可以见到一定数量。

分布 | 广泛分布于湖南、江西、安徽、河南、湖北等地。

130 毫米　江西鄱阳湖
2020-1-2

68 毫米　江西抚河
2020-1-13

187 毫米　江西鄱阳湖
2019-11-22

45 毫米　江西抚河
2020-1-4
幼体具有颜色差异

240 毫米　江西鄱阳湖
2019-11-28
成体呈现黑色

有些个体也带有翼状角

165 毫米　湖南洞庭湖
2020-1-3
背部角突常磨损

翼鳞皮蚌 少 狭 特

Lepidodesma aligera (Heude, 1877)

模式产地：rivière Hoai (Nanking) 南京淮河

壳长	80～180 毫米	壳表	 ((((	体色	■ ■
形状		体型	中型	水系	AS4

　　本种壳表面质感光亮，呈黄绿色。生长纹显著密集，壳面具有细致紧密的同心嵴分布。主体厚鼓，背缘有三角形翼状突起，会随着年龄老化而断裂磨损；后背嵴发达弯曲；壳较薄，壳内黄白色珍珠质感；内齿退化，仅剩特化的侧齿有啮合作用。个体差异较为稳定。

　　本种具有较大争议，多数学者认为是高顶鳞皮蚌的同物异名。

生态习性 | 栖息于流速缓慢的大型江河以及天然大型湖泊中，3 米以下 8 米以上的泥底或泥沙底的环境，半掩埋其中滤食生活。

种群 | 在产地零星可见，数量稀少罕见。

分布 | 湖南、江西等地。

150 毫米　湖南洞庭湖
2020-12-4
背部角突个体差异较大

65 毫米　湖南洞庭湖
2020-12-5

153 毫米　江西鄱阳湖
2020-1-2

155 毫米　湖南洞庭湖
2020-12-4

134 毫米　江西赣江
2021-1-30

鳞皮蚌属壳多面视图

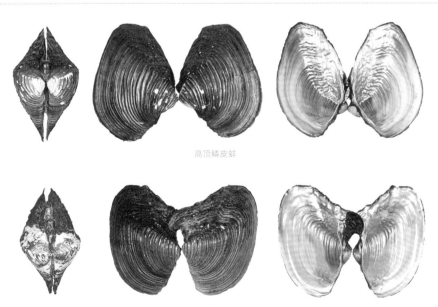

高顶鳞皮蚌

翼鳞皮蚌

矛蚌属
Lanceolaria Conrad, 1853

矛蚌属的物种目前仍然需要梳理，全世界已知 13 种，中国已知 6 种。大部分体长 11 ～ 20 厘米。该类个体差异较为稳定；壳长条形，后端收缩近似矛状，故得名矛蚌；壳较扁或圆柱形，有一定厚度；表面具有细微绒毛，具有丝绒光泽；壳表光滑或具有波浪条肋，后背嵴较为发达；壳内乳白色珍珠质感，具有内齿。本属多个物种在繁殖期时，性腺与育儿囊会呈现多种艳丽色彩，至今未了解其作用。

本属主要栖息在较为广阔的天然江河和天然湖泊中。半掩埋水底淤泥中滤食生活，活动能力较强；幼体具有相对较强的活动能力，有助于种群扩散，该类的繁殖生态知之甚少。矛蚌属物种数量都相对较少，并不是常见种类。

属分布：中国广泛分布。

剑状矛蚌 （少）（危）（特）
Lanceolaria gladiola (Heude, 1877)

模式产地：Ning-kouo-fou et de Kouang-te-tchéou; lac Tai
安徽省宣城市、广德县和太湖

壳长	120 ～ 200 毫米	壳表		体色	■
形状		体型	大型	水系	AS4

本种分布上与短褶矛蚌 *L. grayii* 重叠，会混合生存。有些个体近似短褶矛蚌 *L. grayii*，不易区分。

壳为长水滴形，后端末端尖锐，整体横截面圆柱形；壳表面带有复杂的波浪形突起，幼体体表绿色，成熟个体呈现黄褐色。壳有一定厚度，壳面生长纹理清晰；后背嵴突起显著。壳厚重，壳内呈珍珠白色，内齿较发达。本种种间差异较稳定。

生态习性 | 栖息于流速缓慢的大型江河以及天然大型湖泊中，1 米以下 6 米以上的泥底或泥沙底的环境，半掩埋其中滤食生活。

种群 | 分布广泛，但仅在小范围出现，数量较少。

分布 | 河北、湖北、湖南、山东、江苏、安徽、河南、四川、江西。

111 毫米　湖北黄冈
2019-10-28
有些个体近似短褶矛蚌

57 毫米　湖北梁子湖
2019-12-9

85 毫米　湖北梁子湖
2019-12-9

167 毫米　江西鄱阳湖
2019-11-28

有些瘤突呈点状分布

175 毫米　江西鄱阳湖
2019-11-27

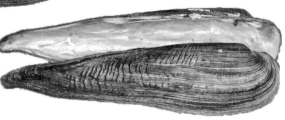

175 毫米　江西鄱阳湖
2019-11-27

188 毫米　湖北武汉
2019-12-4
短粗形的个体，在剑状矛蚌中普遍

成熟个体表面均有腐蚀

短褶矛蚌 _普 _广

Lanceolaria grayii (Griffith & Pidgeon, 1833)

模式产地：China 中国

壳长	130 ~ 190 毫米	壳表		体色	■
形状		体型	中型	水系	AS4

本种是国内矛蚌属最为常见广布的种类。

壳为长条形，后端逐渐收缩，末端圆钝，整体横截面圆柱形。壳表面带有波浪形突起或较光滑，具有细微绒毛，呈金属光泽。壳面生长纹理清晰；后背嵴突起；幼体体表绿色，成熟个体呈现灰褐色；壳厚重，壳内呈珍珠白色，内齿较发达。本种种间差异较稳定。

生态习性｜ 栖息于流速缓慢的大型江河以及天然大型湖泊中，2 米以下 6 米以上的泥底或泥沙底的环境，半掩埋其中滤食生活。

种群｜ 分布广泛，相对常见。

分布｜ 湖南、江西、安徽、河南、湖北、福建。

134 毫米　江西南昌
2019-10-15

78 毫米　江西鄱阳湖
2019-12-24

97 毫米　江西南昌
2019-11-2
条肋丰富的个体

56 毫米　江西鄱阳湖
2019-12-27

134 毫米　江西南昌
2019-10-15

183 毫米　安徽宣城
2019-10-18

柱形矛蚌 少 狭

Lanceolaria cylindrica (Simpson, 1900)

模式产地：Amur land 阿穆尔地区 位于中国东北

壳长	130～210 毫米	壳表	⬭	体色	⬛
形状	〰	体型	大型	水系	AS2

　　本种个体普遍大于矛蚌属其他种，可能是矛蚌属已知最大的物种。本种尚存在争议，多数学者认为其是短褶矛蚌 *L. grayii* 的同物异名。本种标本原先国内罕见，后由博物收藏家董瑞航先生于黑龙江的支流中采集而得，如今才能一睹真容。

　　壳为长条形，匕首状；壳后端末端较为尖锐；整体横截面圆柱形；壳表面光滑，幼体体表绿色，成熟个体呈现灰褐色；壳有一定厚度，成熟的个体壳厚重，老年个体壳极厚；壳面生长纹理清晰；后背嵴突起。壳内呈珍珠白色，内齿较发达。本种种间差异较稳定。

　　生态习性 | 栖息于流速缓慢的大型江河以及天然大型湖泊中，3 米以下 6 米以上的泥底或泥沙底

的环境，半掩埋其中滤食生活。

种群｜分布狭窄，仅仅在小范围出现，数量较少。

分布｜黑龙江、吉林、内蒙古。国外俄罗斯可见。

183 毫米　黑龙江齐齐哈尔
2020-11-5
（董瑞航）

幼贝均带有显著褶纹

71 毫米　黑龙江齐齐哈尔
2020-11-5
（董瑞航）

139 毫米　黑龙江齐齐哈尔
2020-11-8
扭曲的特殊个体，在矛蚌属中这样的个体均有发生

153 毫米　黑龙江齐齐哈尔
2020-11-7
尾部带有褶皱

183 毫米　内蒙古
2019-11-4
化石

173 毫米　黑龙江齐齐哈尔
2020-11-2
（董瑞航）

203 毫米　黑龙江齐齐哈尔
2020-11-1
壳表腐蚀严重
（董瑞航）

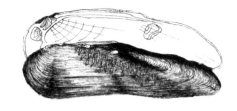

真柱矛蚌 少 狭 特
Lanceolaria eucylindrica Lin, 1962
模式产地：江西省九江市都昌县

壳长	80 ~ 140 毫米	壳表	⬠	体色	⬛
形状	〰	体型	中型	水系	AS4

本种尚有争议，近些年来，分子学显示本种可能就是短褶矛蚌的特殊形态。

　　壳为长条圆柱形，后端末端圆钝，靠近后端略弯。具有细微绒毛，呈金属光泽；幼体体表绿色，成熟个体呈现黄褐色，壳表面带有复杂的波浪形突起或较光滑，生长纹理清晰；后背嵴隆起；壳有一定厚度；壳内珍珠白色，内齿发达。本种种间差异较稳定。

生态习性 | 栖息于流速缓慢的大型江河中以及天然大型湖泊，2 米以下 6 米以上的泥底或泥沙底的环境，半掩埋其中滤食生活。

种群 | 分布狭窄，仅仅在小范围出现，数量较少。

分布 | 湖南、江西。

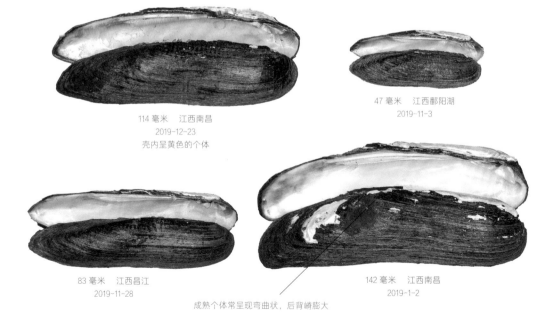

114 毫米　江西南昌
2019-12-23
壳内呈黄色的个体

47 毫米　江西鄱阳湖
2019-11-3

83 毫米　江西昌江
2019-11-28

142 毫米　江西南昌
2019-1-2

成熟个体常呈现弯曲状，后背嵴膨大

91 毫米　江西昌江
2019-12-24

84 毫米　江西抚河
2019-12-29

尾部呈上翘的个体

三型矛蚌 少 狭 特

Lanceolaria triformis (Heude, 1877)

模式产地：rivière Siang, Tchancha-fou 湖南省长沙市一带的湘江流域

壳长	60～130 毫米	壳表		体色	■
形状		体型	中型	水系	AS4

本种体型多数较小，近似扭矛蚌，但壳前端无柄状结构。壳为香蕉形扭曲状，有扭曲方向不同的情况；壳末端圆钝或者尖锐；整体横截面较扁；具有细微绒毛，呈金属光泽；壳面生长纹理清晰；成熟个体呈现黄褐色；壳表面靠近壳顶处具有丰富小瘤突；后背嵴突起；壳有一定厚度，壳内呈珍珠白色，内齿发达。本种种间差异较稳定。

生态习性 | 栖息于流速缓慢的大型江河中以及天然大型湖泊，3 米以下 6 米以上的泥底、泥沙底或卵石底的环境，半掩埋其中滤食生活。

种群 | 分布狭窄，在分布区域内少见。

分布 | 江西、湖南。

102 毫米　江西赣江
2020-1-2

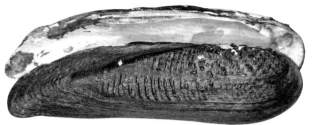

142 毫米　江西抚州
2020-11-4

51 毫米　江西南昌
2019-11-5

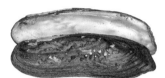

74 毫米　湖南湘江
2010-4

77 毫米　江西抚河
2019-2-1

特殊个体 |

78 毫米　江西南昌
2020-12-28
该枚标本呈笔直状

94 毫米　江西抚州
2020-11-4
粗短个体

背部弯曲方向 |
三型矛蚌弯曲会有左右之分，同时还有些个体呈现笔直状

向左弯曲的个体

笔直个体

向右弯曲的个体

扭矛蚌 _{普 广 特}

Lanceolaria lanceolata (Lea, 1856)

模式产地：China 中国

壳长	80 ～ 170 毫米	壳表		体色	■
形状		体型	中型	水系	AS4

本种曾用名为 "扭蚌 *Arconaia lanceolata*"，近似三型矛蚌 *L. triformis*，外壳形态呈弯曲状。

壳为香蕉形扭曲状，后端末端较为圆钝，前端具有一柄状结构，为本种种征（常有个体柄部断裂丢失，可见柄痕）。整体横截面较扁；具有细微绒毛，呈金属光泽，幼体体表绿色，成熟个体呈现黄褐色；壳面生长纹理清晰；后背嵴突起；壳表面靠近壳顶处具有小瘤突；壳有一定厚度，壳内珍珠白色，内齿发达。本种种间差异较稳定，有扭曲方向不同的情况。

生态习性 | 栖息于流速缓慢的大型江河以及天然大型湖泊中，3 米以下 6 米以上的泥底或泥沙底的环境，半掩埋其中滤食生活。

种群 | 分布广泛，在主产区域数量相对较多。

分布 | 江西、湖南、湖北、安徽、河南、河北、山东、江苏、广东、福建、台湾。

113 毫米　江西鄱阳湖
2019-1-2

背部弯曲方向 |
扭矛蚌的左右弯曲现象普遍，历史上曾被认为是不同的物种

向左弯曲的个体　　　向右弯曲的个体

右扭个体 I

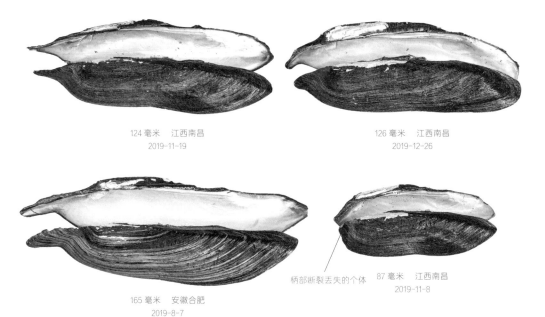

124 毫米　江西南昌
2019-11-19

126 毫米　江西南昌
2019-12-26

165 毫米　安徽合肥
2019-8-7

柄部断裂丢失的个体　87 毫米　江西南昌
2019-11-8

左扭个体 I

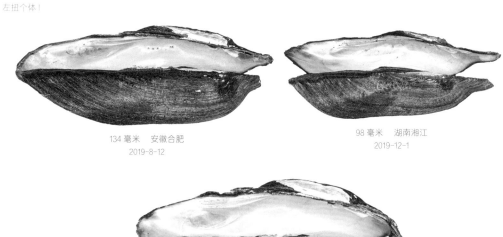

134 毫米　安徽合肥
2019-8-12

98 毫米　湖南湘江
2019-12-1

158 毫米　安徽合肥
2019-8-6

矛蚌待定种 1 ⓵ ⓶
Lanceolaria sp.

壳长	80 ~ 140 毫米	壳表		体色	■
形状		体型	中型	水系	AS5

　　本种尚有争议，广东产区因有很多热带孑遗种，本种最为近似种为 *L. oxyrhyncha*。

　　壳为长条形，后端末端尖锐；整体横截面较扁。壳表面光滑，具有细微绒毛，呈金属光泽；后背嵴突起显著，具有多道突起的条肋；成熟个体呈现黑色，幼体黄绿色；壳有一定厚度，壳内呈珍珠白色；内齿发达。本种种间差异较大。

生态习性 | 栖息于流速缓慢的大型江河中，3 米以下 6 米以上的泥底或泥沙底的环境，半掩埋其中滤食生活。

种群 | 分布狭窄，在分布区域内少见。

分布 | 广东。

110 毫米　广东茂名
2019-12-3
特殊个体

107 毫米　广东茂名
2019-12-29

138 毫米　广东茂名
2020-12-3

127 毫米　广东茂名
2019-12-28

纹理变化丨
本种褶状条肋变化较大，从有复杂的条肋到几乎没有条肋分布在壳面上

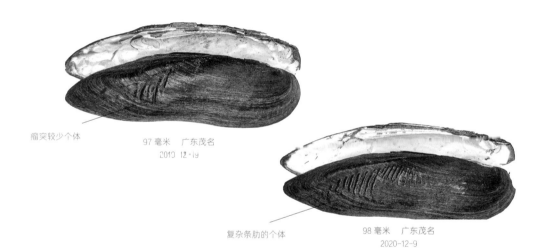

瘤突较少个体

97 毫米　广东茂名
2019-12-19

复杂条肋的个体

98 毫米　广东茂名
2020-12-9

112 毫米　广东茂名
2019-12-18
光滑个体

矛蚌待定种 2

Lanceolaria sp.

壳长	90 ~ 150 毫米	壳表		体色	■
形状		体型	中型	水系	AS5

本种缺乏分子学数据，外观近似短褶矛蚌，无法确定其种类。

壳为长水滴形，后端末端尖锐，整体横截面较扁。壳表面带有细微绒毛，银灰色；幼体体表黄绿色，成熟个体呈现褐色。壳面生长纹理清晰，靠近壳顶处带有复杂细腻的条肋或小瘤突；后背嵴突起显著；壳有一定厚度，壳内呈珍珠白质感，内齿较发达。本种种间差异较稳定。

生态习性| 栖息于流速较快的大型江河或小型河流中，1 米以下 6 米以上的泥沙底环境，半掩埋其中滤食生活。

种群| 仅在小范围出现，数量较少。

分布| 广东、海南。

109 毫米　海南儋州
2019-12-9

113 毫米　广东珠江
2019-12-9

94 毫米　广东珠江
2019-12-28

79 毫米　广东从化
2019-12-4

101 毫米　广东珠江
2019-12-2
形态特殊的个体

34 毫米　广东珠江
2019-12-2

116 毫米　海南儋州
2019-11-23
表面光滑的个体

矛蚌待定种 3 少 狭

Lanceolaria sp.

壳长	60 ～ 120 毫米	壳表		体色	■
形状		体型	小型	水系	AS5

本种暂无定论，缺乏分子学数据。

本种为小型矛蚌，壳近似水滴形，后端末端尖锐，整体横截面较扁。壳表面带有细微绒毛，棕色；幼体体表黄红色，成熟个体呈现红褐色。壳面生长纹理清晰，靠近壳顶处带有复杂的波浪形突起；后背嵴突起显著；壳有一定厚度，壳内呈珍珠白色；内齿较发达。本种种间差异较稳定。

生态习性 | 栖息于流速较快的大型江河或小型河流中，1 米以下 6 米以上的泥沙底、碎石底环境，半掩埋其中滤食生活。

种群 | 分布狭窄，仅仅在小范围出现，数量较少。

分布 | 广西。

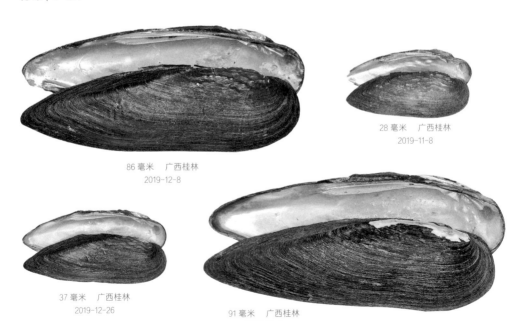

86 毫米　广西桂林
2019-12-8

28 毫米　广西桂林
2019-11-8

37 毫米　广西桂林
2019-12-26

91 毫米　广西桂林
2018-12-3

73 毫米　广西桂林
2019-11-2

广西来宾产 |

广西桂林产的壳表多具有一层红褐色壳皮，但是在广西来宾产地的壳表均无壳皮。该类幼体均呈现黄色，并无太大差别。

87 毫米　广西来宾
2019-114

88 毫米　广西来宾
2019-12-4
形态特殊的个体

93 毫米　广西来宾
2019-11-4

矛蚌属壳多面视图

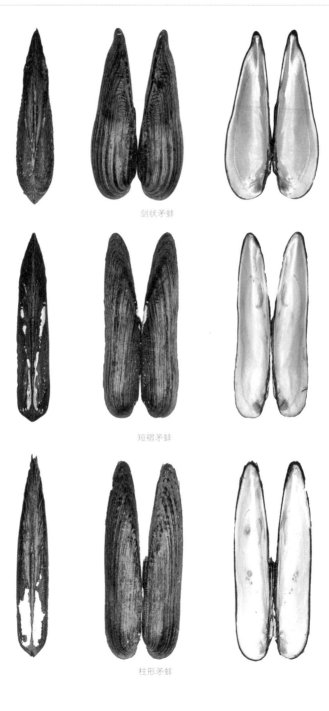

剑状矛蚌

短褶矛蚌

柱形矛蚌

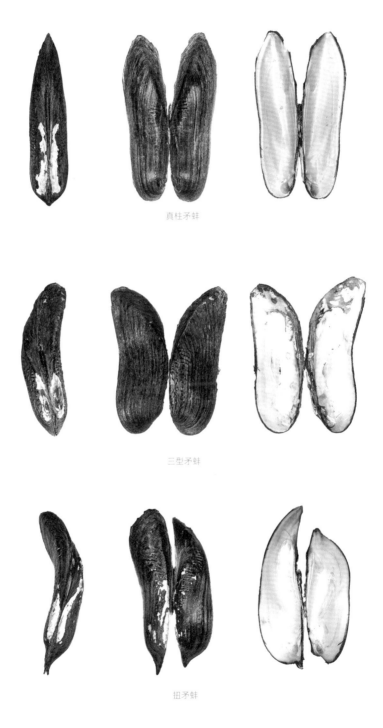

真柱矛蚌

三型矛蚌

扭矛蚌

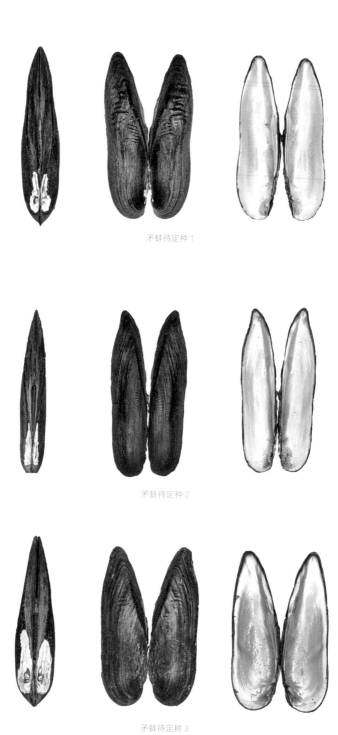

矛蚌待定种 1

矛蚌待定种 2

矛蚌待定种 3

冠蚌属
Cristaria Schumacher, 1817

冠蚌属为中大型河蚌，全世界 5 种，中国目前已知 3 种。大部分种类较大，壳长 20 ～ 30 厘米。壳椭圆形，壳后端略收缩；壳较膨胀，有一定厚度；表面光滑，具有一定光泽；壳背缘靠后端常有翼状突起，后背嵴隆起；壳内乳白色珍珠质感，内齿退化。该类个体差异较为稳定。

本属生活环境多样，各种环境均能适应。常半掩埋水底淤泥中滤食生活，有一定活动能力。

属分布：分布广泛，最北分布黑龙江、内蒙古，南方各省也有分布。

褶纹冠蚌 普 广
Cristaria plicata (Leach, 1814)
模式产地：canton 广州

壳长	200 ～ 400 毫米	壳表		体色	■
形状		体型	巨型	水系	AS2 、AS4、AS5

本种为巨型河蚌，是中国已知体积最大的河蚌，同时也是中国最常见的河蚌之一。

外壳轮廓为近椭圆形，后背部有冠状结构，常常覆盖韧带；壳后端末端圆钝，整体较为厚鼓；壳表面光滑，并有一定厚度，壳面生长纹理清晰；幼体体表绿色或黄色，具有色带，成熟个体呈现黑褐色；壳内珍珠白色，无内齿。本种种间差异较稳定。

生态习性 | 栖息于流速缓慢的大型江河以及天然大型湖泊、人工的池塘、水库等，一般在 1 米以下 6 米以上的泥底或泥沙底的环境，半掩埋其中滤食生活。

种群 | 分布广泛，常见。

分布 | 全国除新疆、西藏、云南、甘肃等高原地区外，均有分布。国外俄罗斯、韩国、日本、越南亦有分布。

198 毫米　江西南昌
2020-12-8

89 毫米　浙江杭州
2019-11-2

113 毫米　福建三明
2019-11-2

348 毫米　河南信阳
2020-12-4

124 毫米　福建三明
2019-11-3

377 毫米　河南信阳
2020-12-4

广东产|

广东从化产的褶纹冠蚌相比普通产地的，个头普遍偏小、早熟，壳质量厚重且较为圆钝，特征显著。

89 毫米　广东从化
2020-12-5

143 毫米　广东从化
2019-1-15

210 毫米　广东从化
2020-12-4

射纹冠蚌 (罕)(狭)

Cristaria radiata Simpson, 1900

模式产地：Kien-té sud 建德南部 今安徽省东至县

壳长	80 ～ 140 毫米	壳表	〇	体色	■ ■
形状	〇	体型	中型	水系	AS4

本种未见标本，争议较大，可能模式标本是无齿蚌类。

外壳轮廓近似椭圆形，后端末端圆钝；整体较为扁平；壳表面光滑；壳面底色呈黄绿色并具有绿色色带；壳较薄，易开裂，壳面生长纹理清晰；后背嵴略微隆起；壳内内齿退化。

生态习性 | 栖息环境未知。

种群 | 知之甚少。

分布 | 安徽。

短体冠蚌 窄 猴
Cristaria truncata Dang, Thai & Pham, 1980
模式产地：northern Vietnam 越南北部

壳长	80～150毫米	壳表	◯	体色	■
形状	◯	体型	中型	水系	AS5

本种稀少。

壳为近扇形或椭圆形，后端末端圆钝；整体较为厚鼓；壳表面光滑，生长纹显著；壳有一定厚度；后背嵴靠近壳顶处隆起；壳内具有珠光质感，内齿退化消失。本种种间差异较稳定。

生态习性丨 栖息于流速较快的大型江河中，2米以下6米以上的沙石底或卵石底的环境，半掩埋其中滤食生活。

种群丨 知之甚少。

分布丨 目前仅广西有记录，国外越南可见。

89毫米　广西崇左
2019-12-3

138毫米　广西崇左
2019-11-3

143 毫米　广西崇左
2019-12-5
本种外壳较易开裂

151 毫米　广西崇左
2019-12-2

部分冠蚌属壳多面视图

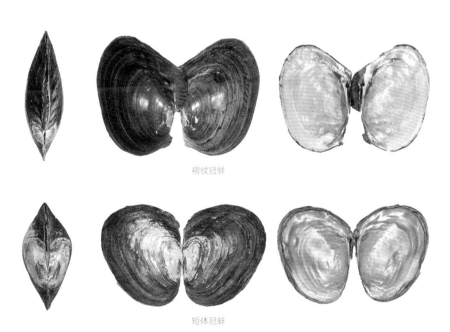

褶纹冠蚌

短体冠蚌

华无齿蚌属
Sinanodonta Modell, 1945

华无齿蚌属全世界已知9种，中国已知分布6种。本属分类较为混乱，可能有多个隐存种或异名；本属外观互相近似，呈椭圆形，壳面光滑；无内齿，内齿退化消失。本属形态变化极大，可狭长形也可近圆形，形态几乎无法区分。

属分布：除西藏青海等高原地区外，中国各地均有分布。周边俄罗斯和东南亚国家均有分布。

背角华无齿蚌 普 广
Sinanodonta woodiana (Lea, 1834)
模式产地：China 中国

壳长	60 ～ 180 毫米	壳表	⬭	体色	■ ■ ■
形状	🐚	体型	中型	水系	AS2、AS4、AS5

本种曾用名为"背角无齿蚌 *Anodonta woodiana*"，原归属无齿蚌属 *Anodonta*，是中国分布最广的蚌目物种，也是最常见的河蚌之一。本种与其他华无齿蚌属的物种近似，不易区分，仅能通过分子学手段鉴定。

外形轮廓呈椭圆形。壳表常腐蚀；壳表面生长纹理显著，壳体有些个体扁平，有些个体膨胀显著；体色呈褐色、黄色、绿色等，多变；壳薄，干燥后容易开裂，壳内呈珠光质感或珍珠白色；无内齿结构。种间差异较大，外形变化大。

生态习性 | 栖息于流速缓慢或静止的人工及天然江河、池塘、湖泊中，浅水的泥底或泥沙底、沙底的环境，半掩埋滤食生活。

种群 | 极其常见。

分布 | 除新疆、青海等地，大部地区均有分布。国外北美和欧洲多国均有本种入侵。

53 毫米　安徽宣城
2019-5-3

49 毫米　福建三明
2019-8-13

143 毫米　湖北武汉
2021-1-3
（唐昭阳　摄）

34 毫米　云南昆明滇池
2019-6-18

65 毫米　浙江太湖支流
2019-3-2

164 毫米　湖北武汉
2021-1-3
（唐昭阳　摄）

155 毫米　湖北武汉
2021-1-3
（唐昭阳　摄）

79 毫米　广东韶关
2019-6-13

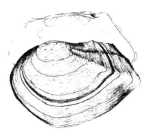

具角华无齿蚌 普广

Sinanodonta angula (Tchang, Li & Liu, 1965)

模式产地：衡阳鱼池

壳长	60 ~ 180 毫米	壳表	⬠	体色	■ ■
形状	🌀	体型	中型	水系	AS4

本种曾用名为"具角无齿蚌 *Anodonta angula*"，原归属无齿蚌属 *Anodonta*。与其他华无齿蚌属近似，形态多变不易区分，通过分子学手段鉴定比较准确。

外形轮廓呈椭圆形。壳表常腐蚀；壳表面生长纹理显著，壳体有些个体扁平，有些个体膨胀显著；体色呈现褐色、黄色，体色多变；壳薄但坚韧，干燥后容易开裂，壳内呈珠光质感或珍珠白色；无内齿结构。种间差异较大，外形变化大。

生态习性｜栖息于流速缓慢或静止的人工及天然江河、池塘、湖泊中，浅水的泥底或泥沙底、沙底的环境，半掩埋滤食生活。

种群｜常见。

分布｜广泛分布于湖南、湖北、贵州、四川等地。

46 毫米　湖南湘江
2020-1-2

176 毫米　贵州铜仁
2020-12-2
（袁萌　摄）

瓢形华无齿蚌 普广

Sinanodonta jourdyi (Morlet, 1886)

模式产地：Tonkin. Les environs de Lang-son, Dang-son et Chu
东京，谅山、邓山以及朱一带 今越南北部

壳长	60～140毫米	壳表	⬭	体色	■ ■
形状	🐚	体型	中型	水系	AS4、AS5

本种曾用名为"瓢形无齿蚌 *Anodonta jourdyi*"，原归属无齿蚌属 *Anodonta*。与其他华无齿蚌属的物种近似，不易区分，仅能通过分子学手段鉴定。

外形轮廓呈椭圆形。壳表常腐蚀；壳表面生长纹理显著，壳体有些个体扁平，有些个体膨胀显著；体色呈现褐色、黄色，体色多变；壳薄但坚韧，干燥后容易开裂，壳内呈珠光质感或珍珠白色；无内齿结构。种间差异较大，外形变化大。

生态习性｜栖息于流速缓慢或静止的人工及天然江河、池塘、湖泊中，浅水的泥底或泥沙底、沙底的环境，半掩埋滤食生活。

种群｜极其常见。

分布｜广泛分布于广东、广西等地。国外越南有分布。

108毫米　广东广州
2020-7-5

84毫米　福建漳州
2020-12-3

112 毫米　福建福州
2020-1-4

128 毫米　福建福州
2020-1-2

54 毫米　江西鄱阳湖
2020-1-2

椭圆华无齿蚌 普广

Sinanodonta elliptica (Heude, 1878)

模式产地：Kien-té (Ngan-houè) 建德（安徽）今安徽省东至县

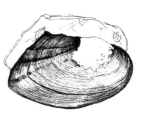

壳长	60 ~ 170 毫米	壳表	⬭	体色	⬛ ⬜
形状	🐚	体型	中型	水系	AS4、AS5

本种曾用名为"椭圆无齿蚌 *Anodonta elliptica*"，原归属无齿蚌属 *Anodonta*。与其他华无齿蚌属近似，形态多变不易区分，通过分子学手段鉴定比较准确。

外形轮廓呈椭圆形。壳表常腐蚀；壳表面生长纹理显著，壳体有些个体扁平，有些个体膨胀显著；体色呈现褐色、黄色，体色多变；壳薄但坚韧，干燥后容易开裂，壳内呈珠光质感或珍珠白色；无内齿结构。种间差异较大，外形变化大。

生态习性 | 栖息于流速缓慢或静止的人工及天然江河、池塘、湖泊中，浅水的泥底或泥沙底、沙底的环境，半掩埋滤食生活。

种群 | 极其常见。

分布 | 广泛分布于浙江、江西、福建、广东、广西等地。国外越南有分布。

115 毫米　广西钦州
2020-2-6

130 毫米　广西钦州
2020-2-18

141 毫米　广西来宾
2020-1-2

144 毫米　广西来宾
2020-1-2

89 毫米　广西崇左
2020-4-30

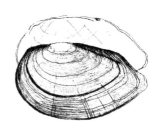

光滑华无齿蚌 普 湘

Sinanodonta lucida (Heude, 1877)

模式产地：rivières Siang et Lo (Hou-nan) 湘江和罗江 （湖南）
今湖南省湘江和汨罗江北支

壳长	60 ～ 140 毫米	壳表	⬭	体色	■ ■
形状	🥟	体型	中型	水系	AS4

本种曾用名为"光滑无齿蚌 *Anodonta lucida*"，原归属无齿蚌属 *Anodonta*。与其他华无齿蚌属近似，形态多变不易区分，通过分子学手段鉴定比较准确。

外形轮廓呈椭圆形。壳表常腐蚀；壳表面生长纹理显著，壳体有些个体扁平，有些个体膨胀显著；体色呈现褐色、黄色，体色多变；壳薄但坚韧，干燥后容易开裂，壳内呈珠光质感或珍珠白色；无内齿结构。种间差异较大，外形变化大。

生态习性 | 栖息于流速缓慢或静止的人工及天然江河、池塘、湖泊中，浅水的泥底或泥沙底、沙底的环境，半掩埋滤食生活。

种群 | 极其常见。

分布 | 广泛分布于浙江、江西、福建、广东、广西等地。国外越南均有分布。

96 毫米　贵州铜仁
2020-7-17

史氏华无齿蚌 普 广

Sinanodonta schrenkii (Lea, 1870)

模式产地：Amur Suifen rivers 绥芬河

壳长	60 ~ 140 毫米	壳表	⬠	体色	■ ■
形状	🐚	体型	中型	水系	AS2

　　本种与其他华无齿蚌属的物种近似，不易区分，仅能通过分子学手段鉴定。

　　外形轮廓呈椭圆形。壳表常腐蚀；壳表面生长纹理显著，壳体有些个体扁平，有些个体膨胀显著；体色呈现褐色、黄色、绿色等，多变；壳薄但坚韧，干燥后容易开裂，壳内呈珠光质感或珍珠白色；无内齿结构。种间差异较大，外形变化大。

生态习性┃ 栖息于流速缓慢或静止的人工及天然江河、池塘、湖泊中，浅水的泥底或泥沙底、沙底的环境，半掩埋滤食生活。

种群┃ 极其常见。

分布┃ 黑龙江、吉林、辽宁等地。国外俄罗斯、韩国均有分布。

110 毫米　辽宁沈阳
2020-11-2

97 毫米　辽宁宽甸
2020-12-3

97 毫米　辽宁宽甸
2020-12-3

华无齿蚌属壳背面视图

背角华无齿蚌

具角华无齿蚌（文献图）

瓢形华无齿蚌

椭圆华无齿蚌

光滑华无齿蚌

史氏华无齿蚌

舟蚌属
Anemina Haas, 1969

舟蚌属全世界已知 4 种，中国已知 4 种。本属分类较为混乱，可能有多个隐存种或同物异名，目前尚缺乏研究；本属外观互相近似，呈椭圆形，壳面光滑；无内齿，内齿退化消失；本属形态变化极大，可狭长形态也可近圆形，外壳形态几乎无法区分。

属分布：主要分布在长江、黄河流域。

蚶形舟蚌 <small>普 广</small>
Anemina arcaeformis (Heude, 1877)

模式产地：Song-kiang-fou (Nan-king) 松江府（南京）今上海苏州河以南地区

壳长	70 ～ 80 毫米	壳表	⬠	体色	■ ■
形状	🐚	体型	小型	水系	AS4

本种曾用名为"蚶形无齿蚌 *Anodonta arcaeformis*"，原归属无齿蚌属 *Anodonta*。与其他舟蚌属近似，形态多变不易区分，通过分子学手段鉴定比较准确。

外形轮廓呈椭圆形。壳表常腐蚀；壳表面生长纹理显著，壳体有些个体扁平，有些个体膨胀显著；体色呈现褐色、黄色，体色多变；壳薄但坚韧，干燥后容易开裂，壳内呈珠光质感或珍珠白色；无内齿结构。种间差异较大，外形变化大。

生态习性 | 栖息于流速缓慢或静止的人工及天然江河、池塘、湖泊中，浅水的泥底或泥沙底、沙底的环境，半掩埋滤食生活。

种群 | 常见。

分布 | 广泛分布于湖南、湖北、河南、江西、福建、安徽等地。

56 毫米　福建建瓯
2020-1-28
（高涵　摄）

背面

72 毫米　江苏南京
2020-1-2

河舟蚌 ㊟⬤◗

Anemina fluminea (Heude, 1877)

模式产地：La rivière Hoai, vers la ville de Cheou-tch'eou 淮河
往寿州方向 寿州即今安徽省寿县

壳长	50～80毫米	壳表	◯	体色	■ ■ ■
形状	◒	体型	小型	水系	AS4

本种曾用名为"河无齿蚌 *Anodonta fluminea*"，原归属无齿蚌属 *Anodonta*。与其他舟蚌属近似，形态多变不易区分，通过分子学手段鉴定比较准确。

外形轮廓呈椭圆形。壳表常腐蚀；壳表面生长纹理显著，壳体有些个体扁平，有些个体膨胀显著；体色呈现褐色、黄色，体色多变；壳薄但坚韧，干燥后容易开裂，壳内呈珠光质感或珍珠白色；无内齿结构。种间差异较大，外形变化大。

生态习性 | 栖息于流速缓慢或静止的人工及天然江河、池塘、湖泊中，浅水的泥底或泥沙底、沙底的环境，半掩埋滤食生活。

种群 | 常见。

分布 | 广泛分布于湖南、湖北、江苏、河南、江西、福建、安徽等地。

46 毫米　江西鄱阳湖
2020-12-3

73 毫米　湖南洞庭湖
2020-9-12

59 毫米　安徽宣城
2020-6-17

球形舟蚌

Anemina globosula (Heude, 1878)

模式产地：Rivières et lacs du bassin de la Houai. (Ngan-houè)
淮河流域（安徽）　今安徽省淮河流域

壳长	50 ～ 80 毫米	壳表	⬠	体色	■ ■ ■
形状	🐚	体型	小型	水系	AS4

本种曾用名为"球形无齿蚌 *Anodonta globosula*"，原归属无齿蚌属 *Anodonta*。与其他舟蚌属近似，形态多变不易区分，通过分子学手段鉴定比较准确。

外形轮廓呈椭圆形。壳表常腐蚀；壳表面生长纹理显著，壳体有些个体扁平，有些个体膨胀显著；体色呈现褐色、黄色，体色多变；壳薄但坚韧，干燥后容易开裂，壳内呈珠光质感或珍珠白色；无内齿结构。种间差异较大，外形变化大。

生态习性 | 栖息于流速缓慢或静止的人工及天然江河、池塘、湖泊中，浅水的泥底或泥沙底、沙底的环境，半掩埋滤食生活。

种群 | 常见。

分布 | 广泛分布于湖南、湖北、江苏、河南、江西、福建、安徽等地。

43 毫米　江西鄱阳湖
2020-2-18

44 毫米　江西鄱阳湖
2020-4-3

背面

48 毫米　江西鄱阳湖
2020-12-5

53 毫米　江西鄱阳湖
2020-12-3

53 毫米　江西鄱阳湖
2020-12-3

长舟蚌 普 广

Anemina euscaphys (Heude, 1879)

模式产地：Tchen-kiang (Kiang-sou.) 镇江（江苏） 今江苏省镇江市

壳长	50～80 毫米	壳表	⬭	体色	■ ■ ■
形状	🐚	体型	小型	水系	AS4

本种曾用名为"舟形无齿蚌 *Anodonta euscaphys*"，原归属无齿蚌属 *Anodonta*。与其他舟蚌属近似，形态多变不易区分，通过分子学手段鉴定比较准确。

外形轮廓呈椭圆形。壳表常腐蚀；壳表面生长纹理显著，壳体有些个体扁平，有些个体膨胀显著；体色呈现褐色、黄色，体色多变；壳薄但坚韧，干燥后容易开裂，壳内呈珠光质感或珍珠白色；无内齿结构。种间差异较大，外形变化大。

生态习性| 栖息于流速缓慢或静止的人工及天然江河、池塘、湖泊中，浅水的泥底或泥沙底、沙底的环境，半掩埋滤食生活。

种群| 常见。

分布| 湖南、湖北、江苏、河南、江西、福建、安徽等地，分布广泛。

44 毫米　江苏镇江
2020-12-3

48 毫米　江西都昌
2020-3-28

背面

84 毫米　贵州铜仁
2020-2-3

无齿蚌属
Anodonta Lamarck, 1799

无齿蚌属全世界已知 20 种。中国已知 1 种。本属分类较为混乱，可能有多个隐存种。本属为中小型种，壳面光滑，内齿退化消失；形态变化极大。

属分布：本属主要分布在中国新疆、内蒙古等地区。国外主要分布于欧洲与北美洲。

鸭无齿蚌 穿 狭
Anodonta anatina (Linnaeus, 1758)

模式产地：Europae 欧洲

壳长	80 ～ 110 毫米	壳表		体色	
形状		体型	小型	水系	EU3

种名 *anatina*，指的是在欧洲当地本种常常为鸭子捕食的对象。本种是世界上最早发表的河蚌之一，为分类学祖师爷林奈所命名，本种同物异名极多。

外形轮廓呈长椭圆形。壳表常腐蚀；壳表面生长纹理显著，体色呈现黄褐色；壳薄但坚韧，干燥后容易开裂，壳内呈珠光质感；无内齿结构。种间差异较稳定，外形仍会有些变化。

生态习性｜ 栖息于流速缓慢的大型江河中，1 米以下 4 米以上的泥底或泥沙底的环境，半掩埋其中滤食生活。

种群｜ 近几年发现本种活体记录，当地有一定数量的种群。

分布｜ 新疆、内蒙古。

85 毫米　新疆额尔齐斯河
2021-8-1
（杨骥洲）

117 毫米　新疆额尔齐斯河
2021-8-1
（杨骥洲）

103 毫米　新疆额尔齐斯河
2021-7-5
（杨骥洲）

鸭无齿蚌壳多面视图

棱蚌属
Pletholophus Simpson, 1900

棱蚌属全世界已知 2 种，中国已知 1 种。本属分类较为混乱，可能有多个隐存种。本属为小型种，壳面光滑，内齿退化消失，侧齿狭小；有些个体无侧齿；形态变化极大。

属分布：主要分布在长江、黄河的水网地带，属于中国广布属。

扁棱蚌 少 广
Pletholophus tenuis (Griffith & Pidgeon, 1833)
模式产地：China 中国

壳长	40 ～ 80 毫米	壳表	◯	体色	▭ ▮
形状	◎	体型	小型	水系	AS4、AS5

本种常见，国内南方广布。本种分类十分混乱，可能包含有多个隐存种，通过形态难以区分。

外壳轮廓为椭圆形或近扇形，变化极大。壳后端末端圆钝或略尖；壳背面观整体扁薄；壳表面光滑，生长纹显著；壳薄易碎、开裂，但比普通无齿蚌类坚韧；后背嵴靠近壳顶处隆起；壳内具有暗紫色珠光质感，内齿极度退化，但仔细观察有极小的啮合结构。

生态习性 | 适应性强，栖息于多类型的水生环境，浅水的沙石底或卵石底的环境，半掩埋其中滤食生活。

种群 | 分布广泛，但一般仅在某些区域数量较多。

分布 | 浙江、福建、广东、广西、海南、台湾等地。国外越南可见。

33 毫米　广东从化
2020-11-3

48 毫米　广东从化
2020-12-8

51 毫米　广东从化
2020-12-8

53 毫米　广东从化
2020-11-2
狭长形态的个体

61 毫米　广东从化
2020-12-3
近似背角华无齿蚌的个体

扁棱蚌壳多面视图

冷无齿蚌属
Buldowskia Moskvicheva, 1973

冷无齿蚌属全世界已知 5 种，中国已知 3 种。本属分类较为混乱，可能有多个隐存种或异名。本属为中小型种，壳面光滑，内齿退化消失，体型较其他无齿蚌类狭长，壳体膨胀；本属形态变化极大。

属分布：主要分布在新疆、内蒙古、黑龙江、吉林等地区。国外分布于俄罗斯、韩国、日本等国家。

淡黄冷无齿蚌 普 🔘
Buldowskia flavotincta (Martens, 1905)
模式产地：Provinz Kyöngkwido 韩国，京畿道

壳长	60 ～ 100 毫米	壳表	◯	体色	■
形状	〰️	体型	小型	水系	AS2

本种与其他冷无齿蚌属的物种近似，不易区分，仅能通过分子学手段鉴定。

外形轮廓呈长椭圆形。壳表常腐蚀；壳表面生长纹理显著，体色呈现黄褐色；壳薄，干燥后容易开裂，壳内呈珠光质感；无内齿结构。种间差异较大，外形变化大。

生态习性 | 栖息于流速缓慢的大型江河中，浅水的泥底或泥沙底的环境，半掩埋其中滤食生活。

种群 | 产地河流池塘中常见。

分布 | 黑龙江，吉林、辽宁、内蒙古。国外分布于俄罗斯等。

18 毫米　黑龙江双鸭山
2021-8-6
（郭蔚明）

63 毫米　黑龙江双鸭山友谊县
2021-8-29
（夏宇晨）

92 毫米　黑龙江双鸭山友谊县
2021-8-6
（郭蔚明）

绥芬河冷无齿蚌 普 狭

Buldowskia suifunica (Lindholm, 1925)

模式产地：Suifen River 绥芬河

壳长	60 ～ 70 毫米	壳表		体色	■
形状		体型	小型	水系	AS2

本种与其他冷无齿蚌属的物种近似，不易区分，仅能通过分子学手段鉴定。

外形轮廓呈长椭圆形。壳表常腐蚀；壳表面生长纹理显著，体色呈现黄褐色、绿色；壳薄，干燥后容易开裂，壳内呈珠光质感；无内齿结构。种间差异较大，外形变化大。

生态习性 | 栖息于流速缓慢的大型江河中，浅水的泥底或泥沙底的环境，半掩埋其中滤食生活。

种群 | 产地河流池塘中常见。

分布 | 黑龙江、吉林、辽宁。国外分布于俄罗斯等。

70 毫米　辽宁丹东
2021-1-2

55 毫米　辽宁丹东
2021-1-2

68 毫米　辽宁丹东
2021-1-2

沙丁冷无齿蚌 普 广

Buldowskia shadini (Moskvicheva, 1973)

模式产地：Amur River 阿穆尔河

壳长	60 ～ 70 毫米	壳表		体色	■
形状		体型	小型	水系	AS2、EU3

本种与其他冷无齿蚌属的物种近似，不易区分，仅能通过分子学手段鉴定。

外形轮廓呈长椭圆形。壳表常腐蚀；壳表面生长纹理显著，体色呈现黄褐色、绿色；壳薄，干燥后容易开裂，壳内呈珠光质感；无内齿结构。种间差异较大，外形变化大。

生态习性丨 栖息于流速缓慢的大型江河中，浅水的泥底或泥沙底的环境，半掩埋其中滤食生活。

种群丨 产地河流池塘中常见。

分布丨 黑龙江、吉林、辽宁、新疆。国外分布于俄罗斯等。

88 毫米　新疆额尔齐斯河
2021-8-1
（杨骥洲）

冷无齿蚌属壳多面视图

淡黄冷无齿蚌

绥芬河冷无齿蚌

沙丁冷无齿蚌

远东蚌属
Amuranodonta Haas, 1920

远东蚌属全世界已知1种，中国分布1种。本属为中小型种，外观近似圆顶珠蚌，但无内齿，内齿退化消失；壳面光滑，体型较其他无齿蚌类狭长；本属形态变化极大。

属分布：主要分布在中国内蒙古、黑龙江等地区。国外主要分布于北亚各国，俄罗斯和中国东北部。

基亚远东蚌 普狭
Amuranodonta kijaensis Moskvicheva, 1973

模式产地：Zarechnoye Lake, near Polyotnoye Settlement, Kiya River basin, Amur River drainage, Russian Far East
俄罗斯东南部的阿穆尔盆地，基亚河

壳长	40 ～ 70 毫米	壳表	⬭	体色	■
形状	🐚	体型	小型	水系	AS2

本种曾用名为"基亚无齿蚌 *Anodonta kijaensis*"，原归属无齿蚌属 *Anodonta*。外观近似圆顶珠蚌，相对于其他无齿蚌类较好区分，分子学手段鉴定最有效。

外形轮廓呈长椭圆形，尾部尖而长。壳表面生长纹理显著，体色呈现黄、绿色；壳薄，干燥后容易开裂，壳内呈珠光质感；无内齿结构。种间差异较大，外形变化大。

生态习性 | 栖息于流速缓慢的江河中，浅水的泥底或泥沙底的环境，半掩埋其中滤食生活。

种群 | 当地河流中常见。

分布 | 黑龙江、内蒙古等地。

56 毫米　黑龙江漠河
2021-7-1

拟珠蚌属
Rhombuniopsis Haas, 1920

拟珠蚌属全世界已知 4 种，中国已知 4 种。本属物种小型，壳长仅 2～3 厘米；表面多数呈黑色，幼体黄绿色；大多形态呈卵圆形。

本属喜在较为广阔的高原湖泊中生活，河流中暂未发现。全属罕见，产地仅有零星死壳以及亚化石，未见活体，全属极度濒危。

属分布：目前全世界仅中国云南有发现，本属物种均在海拔 1800～2200 米的高原湖泊中分布。

飘棱拟珠蚌 罕 狭 特
Rhombuniopsis tauriformis (Fulton, 1906)
模式产地：Yunnan-fu, Yunnan 云南府，云南 今云南省昆明市一带

壳长	20～55 毫米	壳表	⬯	体色	■
形状	🐚	体型	小型	水系	AS5

本种分布海拔较高，可达 1886 米。根据观察，本种喜好高原湖泊等大水体环境，周边河流罕有死壳记录。

壳体呈短胖卵圆形。壳后端末端较尖锐或圆钝；壳靠近壳顶处有条肋突起，靠外缘壳表面光滑，呈黑色。壳左右有些个体较为对称，有些个体略不对称；壳有一定厚度，壳内内齿发达，质感呈珍珠白色。本种种间差异较稳定。

生态习性 | 本种生态知之甚少，推测栖息于高原湖泊中的泥沙底的环境，半掩埋其中滤食生活。

种群 | 罕见，已经多年未有活体记录，仅有零星死壳记录，可能灭绝。

分布 | 目前仅发现于云南昆明滇池、抚仙湖等高原湖泊中，岸边可见腐蚀严重的壳以及碎片。云南昆明周边地区均可见本种亚化石。

25 毫米　云南滇池
2019-6-5

35 毫米　云南滇池
2019-6-5
本种具有漆黑色的表皮

33 毫米　云南滇池
2019-6-5
圆钝个体

37 毫米　云南滇池
2019-6-5

40 毫米　云南滇池
1019-6-5

幸存拟珠蚌 罕 狭 特
Rhombuniopsis superstes (Neumayr, 1899)

模式产地： Tali-fu, Provinz Yunnan 大理府云南 今云南省大理市一带

壳长	30～60 毫米	壳表	◯	体色	■
形状	〰️	体型	小型	水系	AS5

　　本种死壳罕见。由贝类收藏家向泓铨先生于昆明北部海拔 1935 米的湖泊遗址中发现，多次寻觅未得可推本种原始种群已极少。

　　壳体呈不规则椭圆形。壳后端末端圆钝；外壳靠近壳顶处，颜色浅呈黄绿色；靠外缘壳表面光滑，呈黑色。壳左右对称；壳有一定厚度，质感呈珍珠白色；壳内内齿发达。本种种间差异较稳定。

生态习性｜ 知之甚少，推测可能栖息于高原湖泊中的泥沙底的环境，半掩埋其中滤食生活。

种群｜ 本种罕见，已经多年未有活体记录，仅有零星死壳记录，可能灭绝。

分布｜ 目前仅发现于云南八步海等高原湖泊中，岸边可见腐蚀严重的壳以及碎片。

55 毫米　云南昆明北部
（向泓铨）

58 毫米　云南昆明北部
（向泓铨）

62 毫米　云南昆明北部
本种标本均为多年沉积的死壳
（向泓铨）

圆拟珠蚌 罕 狭 特

Rhombuniopsis fultoni Moskvicheva & Starobogatov, 1973

模式产地：China, Yunnan　中国云南

壳长	20 ～ 25 毫米	壳表	⬭	体色	⬛
形状	🐚	体型	小型	水系	AS5

　　本种分布海拔较高，与飘棱拟珠蚌分布重叠。根据观察，本种喜好高原湖泊等大水体环境，周边河流罕有死壳记录。

　　壳体呈不规则近圆形或近三角形，壳后端末端圆钝；外壳靠近壳顶处，颜色浅呈黄绿色；靠外缘壳表面光滑，呈黑色。壳左右对称；壳有一定厚度，质感呈珍珠白色，壳内内齿发达。本种种间差异较稳定。

　　生态习性 | 本种生态知之甚少，推测栖息于高原湖泊中的泥沙底的环境，半掩埋其中滤食生活。

　　种群 | 罕见，已经多年未有活体记录，仅有零星死壳记录，可能灭绝。

21 毫米　云南滇池
本种幼体体色浅黄色

　　分布 | 目前仅发现于云南昆明滇池等高原湖泊中，岸边可见腐蚀严重的壳以及碎片。云南昆明周边地底均可见本种亚化石。

25 毫米　云南滇池
有些个体表面带有清晰条肋

25 毫米　云南滇池
产地仅见破碎的碎壳

27 毫米　云南滇池
（刘屹峰）

26 毫米　云南滇池
（刘屹峰）

滇西拟珠蚌 罕狭

Rhombuniopsis pantoensis (Neumayr, 1899)

模式产地：Panto, Yünnan 云南省西北部

壳长	35～80 毫米	壳表	◯	体色	■
形状	〰	体型	小型	水系	AS5

　　本种一直以来被归属于倒齿蚌属 *Inversidens* Haas, 1911。检视 *Inversidens pantoensis* (Neumayr, 1899) 模式标本，湖南产的 *Unio continentalis* 作为其异名，为国外学者将其异名，且合并至 *I. pantoensis* 中，实际相差甚远为 2 个不同属的物种。根据原始文献描述，本种仅记录于云南西部，Panto 地区指西藏南部至云南西北部。

本种国内一直以来未见任何标本记录，由贝类收藏家向泓铨于云南剑湖采集的为近代死壳，数量稀少罕见。检视壳内外结构，更接近拟珠蚌属 *Rhombuniopsis* 的特征，而非倒齿蚌属，且不符倒齿蚌属的分布区系；可惜的是，本种未取得分子样本，无法进一步比对。笔者依据形态特征，暂时将其处理为拟珠蚌属的物种。本种分布海拔为 2188 米，是中国已知现牛蚌类海拔最高的物种。

壳体呈椭圆形。壳后端末端较尖锐或圆钝；整体略厚鼓，壳表光滑，主体呈黑色或黄色。壳左右对称；壳有一定厚度，质感呈珍珠白色；壳内内齿发达。本种种间差异较稳定。

生态习性 | 本种生态知之甚少，推测栖息于高原湖泊中的泥沙底的环境，半掩埋其中滤食生活。

种群 | 罕见，已经多年未有活体记录，仅有零星死壳记录，可能灭绝。

分布 | 目前仅发现于云南昆明滇池等高原湖泊中，岸边可见腐蚀严重的壳以及碎片。云南昆明周边地底均可见本种亚化石。

51 毫米　云南剑川
2021-7-4

61 毫米　云南剑川
2021-1-2

原始文献中的 *Unio pantoensis*

东亚珠蚌 *Unio continentalis* |
目前本种已被异名于 *R. pantoensis* 中，由于所知标本极度罕见，唯独仅记录死壳，已知分布于中国长江流域中段的湖南地区支流。其内部结构与 *R. pantoensis* 显著不同，其特征更接近隆嵴蚌亚科而非蚌亚科。*U. continentalis* 的分类地位也尚待讨论。

58 毫米　湖南长沙
2021-3-3

58 毫米　湖南长沙
2021-3-3

拟珠蚌属壳多面视图

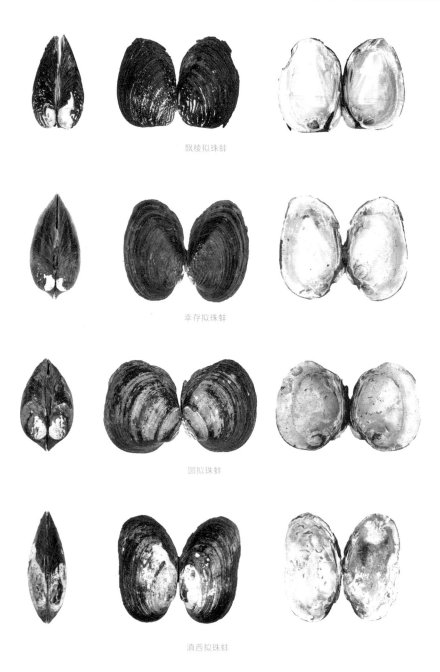

飘棱拟珠蚌

幸存拟珠蚌

圆拟珠蚌

滇西拟珠蚌

檀色蚌属
Pseudobaphia Simpson, 1900

檀色蚌属全世界已知 3 种，中国原记录 1 种，新增加 1 种中国新记录种平江檀色蚌 *Pseudobaphia banggiangensis* Bogan & Do, 2018，目前国内已知分布 2 种。该类为中小型河蚌，大部分体长 4～6 厘米。本属的争议较大，多数认为可能更接近尖嵴蚌属的物种。

本属已知喜在较为广阔、有一定流速的天然江河中栖息，均为罕见种。

属分布：主要分布在长江、黄河流域、各个西南小水系中。平江檀色蚌越南可见。

缺角檀色蚌 罕狭特
Pseudobaphia biesiana (Heude, 1877)
模式产地：Ning-kouo-hien 宁国县 今安徽省宣城市

壳长	60～100 毫米	壳表	◯	体色	■
形状	〰	体型	小型	水系	AS4

本种标本未在国内检视到，国内未有人记录本种标本。已知早年博物学家 Heude 所采集的标本可能来自安徽宣城，但目前尚未有其他采集记录，可能已经绝迹。

壳形为椭圆形，近似中国尖嵴蚌的形态，但体型偏大。壳表面光滑，具有细微绒毛，呈现亚光质感。壳后端圆钝，靠近背缘呈缺角状，拉丁种名也是因此而得；靠前端极度膨胀；壳有一定厚度，十分厚重；壳内内齿发达。本种种间差异较稳定。

生态习性 | 推测本种可能栖息在生活于流速较快的大型江河中，卵石底或泥沙底的环境，半掩埋其中滤食生活。

种群 | 未知。

分布 | 历史上广泛分布在长江流域。

84 毫米　安徽宣城
1877 年
（德国法兰克福森根自然博物馆馆藏　SMF3597
Sigrid Hof　摄）

84 毫米　安徽宣城
1877 年
（德国法兰克福森根自然博物馆馆藏　SMF3597
Sigrid Hof　摄）

平江檀色蚌 罕 狭

Pseudobaphia banggiangensis Bogan & Do, 2018

模式产地：Bằng River, Cao Bằng Province, Vietnam 越南，
高平省，平河

壳长	50 ～ 70 毫米	壳表	⬤	体色	■
形状	🐚	体型	小型	水系	AS5

　　本种属于国内边缘分布，罕见。本种为贝类学家
Bogan 于 2018 年所描述的新种，种名 *banggiangensis* 指
的是越南东北部的平江河。

　　壳形为椭圆形，近似中国尖嵴蚌的形态。壳表面光
滑，具有细微绒毛，呈现亚光质感。壳后端圆钝；靠前
端极度膨胀；壳有一定厚度，十分厚重；壳内内齿发达。
本种种间差异较稳定。

生态习性 | 栖息于流速较快的大型江河中，卵石底
或泥沙底的环境，半掩埋其中滤食生活。

种群 | 分布狭窄，数量稀少。

分布 | 已知仅分布在广西西部湍急的河流之中。

61 毫米　广西来宾
2019-12-2

68 毫米　广西龙州
2019-12-1
该产地表面呈现黄色

70 毫米　广西来宾
2019-12-1

檀色蚌属壳多面视图

缺角檀色蚌

平江檀色蚌

雕刻蚌属
Diaurora Cockerell, 1903

雕刻蚌属全世界已知 1 种，中国已知 1 种。本属由于没有检视活体，因而有一定争议。本属为小型种，因壳面具有复杂的雕刻状小瘤突，因此而得名。本属成熟个体仅 3 ～ 6 厘米。

本属生态未知，推测栖息在有一定流速的江河中，对水质有一定要求，且很可能分布在小型河流中。

属分布：主要分布在中国长江、黄河的水网地带，属于中国广布属。

黄金雕刻蚌 罕 广 特
Diaurora aurorea (Simpson, 1900)
模式产地：Ning-kouo hien, Kien-té hien 安徽省宣城市和东至县

壳长	40 ～ 60 毫米	壳表	〜	体色	■
形状	〜	体型	小型	水系	AS4

本种国内并未检视到标本，知之甚少。本种标本照片由贝类收藏家杨浩先生拍摄。一直以来多数学者认为是黄金雕刻蚌的标本，均为中国尖嵴蚌的误定，该类可能一直都是很罕见的种类。

壳表具备复杂细小的瘤突，壳带有绿色条纹，主体呈现金黄色。靠近壳顶常常腐蚀；生长纹理显著；壳内呈珍珠白质感，内齿较发达。本种个体差异较小。

生态习性 | 栖息于流速缓慢的大型江河或者较大的天然湖泊中，1 米以下 4 米以上的泥沙底环境，半掩埋其中滤食生活。

种群 | 分布较广，但罕见。

分布 | 安徽、湖南、江西、浙江、福建。

34 毫米　湖南洞庭湖
2010-4
（杨浩）

42 毫米　湖南宁乡玉潭桥
1936-12-28
（德国法兰克福森根自然博物馆馆藏
SMF24000b
Sigrid Hof　摄）

35 毫米　湖南宁乡玉潭桥
1936-12-27
（德国法兰克福森根自然博物馆馆藏
SMF24000a
Sigrid Hof　摄）

▌ 隆嵴蚌亚科 Gonideinae Ortmann, 1916

隆嵴蚌亚科种类丰富，全世界已知 93 种，中国已知 26 种，并且依然有新种在发现。该亚科在中国已知隆嵴蚌族 Gonideini Ortmann, 1916、丽蚌族 Lamprotulini Modell, 1942、宰蚌族 Chamberlainiini Bogan, Froufe et Lopes-Lima, 2016、拟齿蚌族 Pseudodontini Frierson, 1927。

拟齿蚌属
Pseudodon Gould, 1844

拟齿蚌属物种目前分类尚存争议。本属全世界已知 13 种左右（分类变动频繁），中国已知 4 种。为小型河蚌，大部分体长 6～8 厘米；本属特征为拟主齿较退化，有些种类侧齿退化，内齿退化是本属的显著属级特征。全属物种均为罕见种，自然分布数量极为稀少。

属分布：广布于长江、黄河流域。

偏侧拟齿蚌 罕 广 特

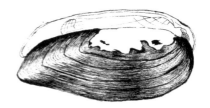

Pseudodon secundus Heude, 1877

模式产地：rivière Hoai 淮河流域

壳长	60～80 毫米	壳表		体色	■
形状		体型	小型	水系	AS4

本种常常与圆顶珠蚌混生，仅靠外观几乎难以区分。

壳近长椭圆形，主要外观极近似圆顶珠蚌。整体较为厚鼓；壳表面光滑，呈黑色，壳面生长纹理清晰；壳薄但坚韧，后背嵴隆起；壳内具有弱化的主内齿，此特征显著不变，为鉴定主要特征。本种种间差异较稳定。

生态习性 | 栖息于流速缓慢的大型江河或湍急的小河、天然大型湖泊中，2 米以下 5 米以上的泥底或泥沙底的环境，半掩埋其中滤食生活。

种群 | 罕见。

分布 | 江西、江苏、安徽、湖南。

64 毫米　江西赣江
2020-1-19
（王冰）

71 毫米　江西抚河
2020-1-12
（黄剑斌　摄）

74 毫米　江西鄱阳湖
2019-11-24
（王冰）

南京拟齿蚌 罕 特

Pseudodon nankingensis (Heude, 1874)

模式产地：Nanking 南京

壳长	40 ～ 60 毫米	壳表	⬭	体色	■
形状	〰	体型	小型	水系	AS4

本种极为罕见，仅在南京一些小河道发现少数死去多年的外壳。本种为小型蚌。

壳近长椭圆形，主要外观极近似圆顶珠蚌，但更加狭长；壳表面光滑，呈黑色，幼贝黄绿色，壳面生长纹理清晰；壳薄，略坚韧，但标本较易开裂，后背嵴隆起；壳内具有弱化的内齿，此特征显著不变，为鉴定主要特征。本种种间差异较稳定。

生态习性 | 生态未知，推测可能栖息于流速缓慢的小型江河或湍急的小河中，1 米以下 3 米以上的泥底或泥沙底的环境，半掩埋其中滤食生活。

种群 | 罕见，未发现活体。

分布 | 江苏、陕西、山西、河北、河南。

51 毫米　江苏南京
2018-1-2

平雄拟齿蚌 罕 狭 特

Pseudodon pinchonianus (Heude, 1883)

模式产地：Tcheng-tou fou, province du Setchouan 四川省成都市一带

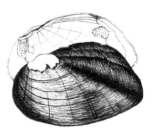

壳长	50～60 毫米	壳表	⬠	体色	▨
形状	🐚	体型	小型	水系	AS4

本种以四川川西地区的平雄主教名字命名。一直以来国内未见标本记录，2019 年鱼类学者陈重光先生在冬季枯水期，于河道中采集，数量稀少。本种为小型蚌。

壳近不规则卵圆形，主要外观极度近似无齿蚌类。壳表面光滑，呈黄色，壳面生长纹理清晰；壳薄，略坚韧，但标本较易开裂，后背嵴扁平；壳内具有弱化的内齿，此特征显著不变，为鉴定主要特征。本种种间差异较稳定。

生态习性｜ 栖息于流速缓慢或湍急的小河中，1 米以下 3 米以上的泥底或泥沙底的环境，半掩埋其中滤食生活。

种群｜ 罕见。

分布｜ 四川。

52 毫米　四川成都
2020-12-1
（陈重光　摄）

62 毫米　四川成都
2020-12-1
（陈重光　摄）

58 毫米　四川成都
2020-12-3
（陈重光）

黄金拟齿蚌 ⸨罕⸩⸨狭⸩⸨特⸩

Pseudodon aureus Heude, 1885

模式产地：Kien-té 建德 今安徽省东至县

壳长	40～60毫米	壳表	◯	体色	■
形状	〰	体型	小型	水系	AS4

本种目前的调查未见国内标本及采集记录。本种为小型蚌。

壳近卵圆形，主要外观极近似尖嵴蚌属物种。壳表面光滑，呈黄色，壳面生长纹理清晰；壳内具有弱化的内齿，此特征显著不变，为鉴定主要特征。本种种间差异较稳定。

生态习性｜生态未知，推测可能栖息于流速缓慢的小型江河或湍急的小河中，1米以下3米以上的泥底或泥沙底的环境，半掩埋其中滤食生活。

种群｜罕见，未发现活体及标本记录。

分布｜安徽。

部分拟齿蚌属壳多面视图

偏侧拟齿蚌

平雄拟齿蚌

犁蚌属
Bineurus Simpson, 1900

犁蚌属全世界已知 4 种，中国已知 1 种，本属种地位较为混乱，诸多物种主观形态学难以区分，仅能通过分子学手段。本属为标准的热带物种，体型较小，本属种类一般壳长 60 ～ 110 毫米。本属表面光滑，主体呈现黑褐色，幼贝黄绿色；外壳轮廓为长椭圆形，整体较扁；壳薄但坚韧，壳内主体呈珍珠白色；壳内齿退化，不明显。该类个体差异极大。

属分布：国内分布于云南。主要分布在湄公河流域，这里是本属主要分布地。

穆氏犁蚌 ㊗狹
Bineurus mouhotii (Lea, 1863)

模式产地：Laos Mountains, Cambodia, Siam 老挝，柬埔寨，暹罗

壳长	60 ～ 120 毫米	壳表		体色	■
形状		体型	小型	水系	AS5

本种为中国新记录种，其种名是为纪念博物探险家 Henri Mouhot。穆氏犁蚌早年在国内的分布一直存疑，后由贝类学者尉鹏先生于云南西双版纳湍急的江水中采集而得，罕见，其外观近似华丽湄公蚌，但有显著的形态差别。

壳近长椭圆形，壳表面光滑，呈现黑色光亮质感；背部观主体扁平；壳内侧齿退化消失，拟主齿半退化并不发达，较为独特。本种每个个体都有显著变化，种间差异巨大。

生态习性 | 栖息于流速较快、湍急的大型江河中，2 米以下 8 米以上的泥底或泥沙底、卵石底的环境，半掩埋其中滤食生活。

种群 | 本种罕见。

分布 | 云南西双版纳。

98 毫米　云南西双版纳
2021-3-5
本种标本壳易裂
（尉鹏）

99 毫米　云南澜沧江
2021-3-2
（尉鹏）

101 毫米　云南西双版纳
2021-3-5
（尉鹏）

110 毫米　云南西双版纳
2021-3-5
（尉鹏）

穆氏犁蚌壳多面视图

丽蚌属

Lamprotula Simpson, 1900

丽蚌属物种全世界已知 13 种，中国分布 7 种。丽蚌属一直以来分类学混乱复杂（由于历史原因，本属内混合着尖丽蚌属的种类未予分类），同种间差异极大，产地不同便有巨大差别，很多难以通过形态学鉴定。大多体型小，少数种类体型较大，可达 20 厘米左右。多数表面具凹凸复杂纹理和细微绒毛，可呈现天鹅绒光泽和金属质感；壳较厚，主体呈白玉质感；壳内内齿发达。

本属主要栖息在较为广阔的天然江河和湖泊中，少数可以适应人工水库环境，诸如背瘤丽蚌。常半掩埋至泥底或者泥沙底的水下环境滤食生活；幼体具有相对较强的活动能力，有助于种群扩散，该类的繁殖生态知之甚少。

属分布：主要分布在长江、黄河流域，这里是本属主要产地。部分种类分布在中南半岛和朝鲜半岛、俄罗斯。除分布广泛的背瘤丽蚌、洞穴丽蚌等外，大部分丽蚌都较为少见。如特殊的巴氏丽蚌，已经多年未有活体和标本的记录。

背瘤丽蚌 普 广

Lamprotula leaii (Heude, 1874)

模式产地：China 中国

壳长	80 ~ 190 毫米	壳表	⦅⦆ ⦅⦆	体色	■ ■ ■
形状	⦿	体型	中型	水系	AS4、AS5

本种为丽蚌属最常见的种类之一。

外壳轮廓为方椭圆形或者水滴形，多变。壳面具细微绒毛，带有银灰色丝绒光泽，正常个体银灰色或者黑色。壳厚，壳面纹理清晰，侧面带明显瘤突或条肋，后背嵴具有人字形条肋；壳内内齿发达。分布流域或者栖息环境不同也会导致本种形态有很大差异，鉴定困难。

生态习性 | 栖息于流速缓慢的大型、小型江河或者大型水库和天然湖泊中，2 米以下 8 米以上的泥沙底的环境，半掩埋其中滤食生活。

种群 | 数量相对较多，常见。现已列为中国国家二级保护动物。

分布 | 浙江、福建、江西、湖南、四川、安徽、山东、河南、河北、广东、台湾。

标准个体丨
背瘤丽蚌随着成长，瘤突会逐渐不显著

23 毫米　福建建瓯
2010-2-1
（高涵）

34 毫米　山东微山湖
2018-7-4

73 毫米　湖南长沙
2020-1-2

110 毫米　江西南昌
2019-1-30

145 毫米　江西南昌
2019-1-4

腹缘膨大型丨
此种形态在背瘤丽蚌中普见。靠近尾部，腹缘轮廓膨大

80 毫米　江西南昌
2019-11-2
瘤突异常发达的个体

89 毫米　江西修水
2019-1-4

119 毫米　江西南昌
2019-1-2

广东产丨
该产地壳表稳定呈现黑色，丝光质感弱，个体普遍较小

33 毫米　广东从化
2019-1-1

98 毫米　广东广州
2019-1-30

102 毫米　广东广州
2019-1-20

湖南产丨
该产地个体普遍小于其他产地的背瘤丽蚌，壳表面金属感不显著，且普遍形态差异较大，有待研究。此产地水流清澈湍急，形态有可能与环境有关

81 毫米　湖南资水
2020-1-1

101 毫米　湖南资水
2020-1-17

123 毫米　湖南资水
2020-1-1
同产地同种亦有难以区分的形态

江苏产丨
该产地个体一度被认为是"长丽蚌"，与其他产地的背瘤丽蚌有微小差别，较为稳定的特征其实不明显，仅外壳角质层呈暗灰色，不具备金属光泽。其外形可能是地域差别

108 毫米　江苏无锡
2019-4-2

98 毫米　江苏无锡
2019-2-1

狭长型 |
这种形态在背瘤丽蚌中常见，早先多被学者认为是"长丽蚌"

103 毫米　江西南昌
2019-1-2

126 毫米　江西周溪
2019-1-22

112 毫米　湖北黄冈
2018-11-29

瘤突过渡 |
背瘤丽蚌的瘤突、条肋变化极大。即使是大小接近的个体，瘤突的变化常常也能找到过渡形。但是一般大型的成熟个体，瘤突会不显著

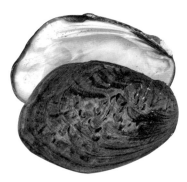

102 毫米　江西修水
2019-3-12

111 毫米　江西南昌
2019-1-12

表面不具备角质层的个体 |

87 毫米　河南信阳
2019-1-2
河南产表面不带有角质层，可能因环境关系导致

97 毫米　湖南长沙
2019-1-29

洞穴丽蚌

Lamprotula caveata (Heude, 1874)

模式产地：Rivières Siang et Lo, au Hou-nan 湘江和罗江（湖南）
今湖南省湘江和汨罗江北支

壳长	70 ～ 110 毫米	壳表		体色	■ ■ ■
形状		体型	小型	水系	AS4、AS5

　　本种为丽蚌属最常见的种类，其轮廓为方椭圆形
或者水滴形，形态多变。壳表面具细微绒毛，带有强
丝绒光泽，正常个体呈现金属铜色光泽；壳较厚；壳
面大部分个体纹理清晰，侧面瘤突较少或密集，后背
部具有复杂细腻的人字形条肋；侧面一般具有显著凹
陷，凹凸不平；壳内内齿发达。本种种间差异较大，
鉴定困难。

生态习性 | 栖息于流速缓慢的大型江河或小河、
水库、天然湖泊中，1 米以下 8 米以上的泥沙底、沙
石底等多种环境，半掩埋其中滤食生活。

　　种群 | 分布较广，种群在一些地方相对较多。

　　分布 | 湖北、湖南、江西、河南、广东、浙江、福建。

118 毫米　江西鄱阳湖
2020-1-2
光滑无瘤突个体，有些个体甚至表面的凹陷会消失
（曹平）

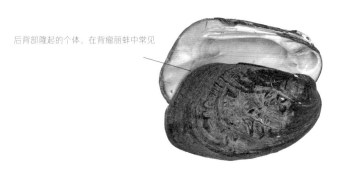

后背部隆起的个体，在背瘤丽蚌中常见

98 毫米　江西修水
2021-1-23
（曹平）

福建产 |
该产地个体与常规洞穴丽蚌有显著差异，壳面带有凹坑，但并不显著。其壳表角质层薄，呈现黑色或黄色体色。分类学上尚待讨论

45 毫米　福建建瓯
2020-1-12
（高涵）

63 毫米　福建建瓯
2020-1-24
该产地椭圆形的个体常见

64 毫米　福建建瓯
2020-1-23
（高涵）

广东产 |
该产地个体近似常规洞穴丽蚌，但珠江水系以西分布的则呈丽蚌待定种 2 的形态，珠江以东则呈常规的洞穴丽蚌的形态

57 毫米　广东珠江
2020-12-30
（黄悦）

68 毫米　广东珠江
2020-12-4
（黄悦）

瘤突过渡 I

69 毫米　江西南昌
2019-2-12
（曹平）

81 毫米　江西南昌
2019-2-12
（曹平）

99 毫米　江西南昌
2019-2-12
（曹平）

生长规律 I

31 毫米　福建三明
2019-1-2

89 毫米　江西南昌
2019-1-23
（曹平）

108 毫米　江西南昌
2020-1-2
（曹平）

角月丽蚌 普 狭 特

Lamprotula cornuumlunae (Heude, 1883)

模式产地：Kouang-té tcheou 广德州，今安徽省宣城市广德县

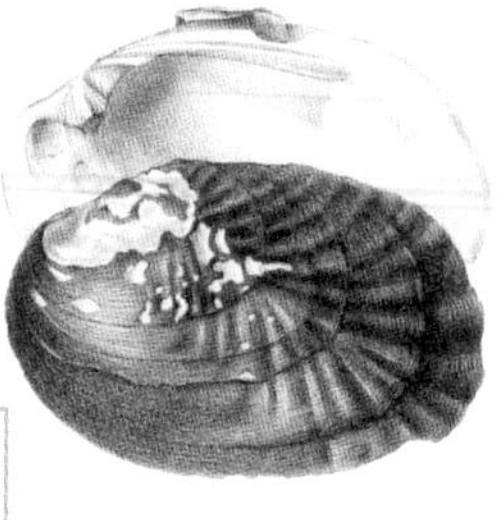

壳长	80 ～ 120 毫米	壳表	⦀	体色	■ ■
形状	⬭	体型	小型	水系	AS4

本种分类上较为模糊，也可能是无效种，根据产地标本的分子学结论，本种近似洞穴丽蚌 *L. caveata*，有待研究。

壳为方椭圆形。壳表面具细微绒毛，带有弱丝绒光泽，正常个体呈现黑色，壳较丽蚌属其他种较薄；壳面大部分个体纹理清晰，侧面瘤突较少，后背嵴具有复杂细腻、细碎的人字形条肋，这也是本种显著的外壳形态特征；侧面凹陷不显著，有些个体明显，近似洞穴丽蚌；壳内呈珍珠白色质感，内齿发达。本种种间差异较大。

生态习性 | 栖息于流速缓慢或较快的大型江河、小河中，2 米以下 8 米以上的泥底或泥沙底的环境，半掩埋其中滤食生活。

种群 | 数量在当地河流相对较多。

分布 | 湖南、江西、河南。

87 毫米　河南信阳
2019-2-18

90 毫米　河南信阳
2019-6-10
条肋粗大的个体，本种形态多变

41 毫米　河南信阳
2019-3-4

92 毫米　河南信阳
2019-3-19
条肋较为稀少的个体

94 毫米　河南信阳
2019-12-4

多肋丽蚌 罕 狭 特

Lamprotula paschalis (Heude, 1883)

模式产地：Heng-tchcou fou (Hou-nan.) 衡州府（湖南），今湖南省衡阳市

壳长	70 ～ 100 毫米	壳表		体色	■
形状		体型	小型	水系	AS4

本种尚有争议。

壳为方椭圆形，表面具有细微绒毛，呈现光亮丝绒质感；正常个体黄色或棕色，壳较同属其他种为厚，壳面纹理清晰，条肋细致；后背嵴带有复杂细腻的人字形条肋；壳内铰合部粗壮且发达，与其他种显著不同。本种种间差异较大。

生态习性 | 推测其栖息于流速较快的大型江河或小河中，2 米以下 8 米以上的泥沙底或碎石底的环境，半掩埋其中滤食生活。

种群 | 本种未记录到标本，未见活体。

分布 | 浙江。

63 毫米　浙江梅城
1981
（国家动物标本资源库　丁亮　摄）

南宁丽蚌 （普）（狭）

Lamprotula nanningensis (Z.-X. Qian, Y.-F. Fang & J. He, 2015)

模式产地：the suburb area of Nanning, Guangxi Province, China 中国广西南宁郊区

壳长	70 ～ 110 毫米	壳表	⦿	体色	■ ■
形状	⊘	体型	小型	水系	AS5

本种分类上较为模糊，根据产地标本的分子学结论，本种近似洞穴丽蚌 *L. caveata*，有待研究。

壳为方椭圆形或水滴形，壳表面具细微绒毛，带有弱丝绒光泽，正常个体呈现黑色，壳较丽蚌属其他种为厚；壳面大部分个体纹理清晰，侧面瘤突较少，后背嵴具有复杂粗壮的人字形条肋，这也是本种显著的外壳形态特征；壳面侧面无凹陷；壳内呈珍珠白色质感，内齿发达。本种种间差异较大。

生态习性丨 栖息于流速较快的大型江河或小河中，2 米以下 8 米以上的沙石底或泥沙底的环境，半掩埋其中滤食生活。

种群丨 分布狭窄，数量在当地河流相对较多。

分布丨 广西。

89 毫米　广西贵港
2020-1-2

99 毫米　广西贵港
2021-1-2
狭长形态的南宁丽蚌

97 毫米　广西贵港
2021-2-3

95 毫米　广西贵港
2021-2-23

91 毫米　广西贵港
2021-1-2

巴氏丽蚌 罕 状 特

Lamprotula bazini (Heude, 1877)

模式产地：de la rivière Lo, province de Hou-Nan
罗江（湖南）今湖南省汨罗江北支

壳长	80 ～ 150 毫米	壳表	🐚	体色	■ ■
形状	🐚	体型	中型	水系	AS4

本种是丽蚌属最为特殊的种类，近些年甚少标本记录。化石显示本种曾经能超过 18 厘米，根据化石以及亚化石群物种比例来看，本种曾经十分常见。笔者仅于 2018 年在江西昌江流域发现半片死壳。

壳轮廓为长椭圆形、楔形，也被称为楔形丽蚌。壳表面几乎没有细微绒毛，较为光滑，呈现黑色；

壳面纹理。清晰，且分布多个显著椭圆形大瘤突。壳较同属其他种厚很多，极厚重；壳内呈现珍珠白质感，内齿发达。本种种间差异较稳定。

生态习性| 推测栖息于流速缓慢的大型江河以及天然大型湖泊中，2 米以下 8 米以上的泥沙底的环境，半掩埋其中滤食生活。

种群| 近十几年来未发现活体种群记录，有少量死壳标本记录，可能已经灭绝。

分布| 江西、湖南。化石显示本种曾广泛分布于陕西、山西、山东、河南、河北、安徽、湖北、湖南、浙江、江西。

64 毫米　江西南昌
1963-4-5
（国家动物标本资源库　丁亮　摄）

69 毫米　江西南昌
1963-4-5
（国家动物标本资源库　丁亮　摄）

113 毫米　河北保定
2020-3-16

93 毫米　江西南昌
1963-4-5
（国家动物标本资源库　丁亮　摄）

148 毫米　河北保定
2020-3-19

椭圆丽蚌 普 狭

Lamprotula gottschei (Von Martens 1894)
模式产地：Pukchang, Korea 韩国普昌

壳长	80 ～ 150 毫米	壳表		体色	■ ■
形状		体型	中型	水系	AS2

本种尚有争议，多数外国学者认为其为背瘤丽蚌 *L. leaii* 的同物异名，有待研究。

外壳轮廓呈方椭圆形。壳靠近腹缘具细微绒毛，带有弱丝绒光泽，正常个体靠近壳顶附近为暗红色或者黄色。壳较同属其他种为薄，壳面纹理清晰，侧面带明显瘤突，后背嵴具有人字形条肋；壳内内齿发达，但相比同属其他种较退化。本种种间差异较大。

生态习性| 栖息于流速缓慢的大型江河中，2 米以下 8 米以上的泥沙底的环境，半掩埋其中滤食生活。

种群| 分布狭窄，数量在产地河流相对较多。

分布| 黑龙江、吉林、辽宁。国外朝鲜半岛、俄罗斯可见。

87 毫米　辽宁宽甸
2019-12-4

91 毫米　辽宁宽甸
2019-12-2

98 毫米　辽宁宽甸
2019-12-8

103 毫米　辽宁宽甸
2019-12-2

89 毫米　辽宁宽甸
2019-12-4

丽蚌待定种 1
Lamprotula sp.

壳长	80 ～ 100 毫米	壳表		体色	■ ■
形状		体型	小型	水系	AS5

本种分类上较为模糊，目前还未有分子学结论，有待研究。

壳为方椭圆形，壳表面具细微绒毛质感，带有显著丝绒光泽，正常个体呈现黑色，壳较丽蚌属其他种适中；壳面光滑无瘤突及凹陷，后背鳍及壳面靠近壳顶处有明显条肋；壳内呈珍珠白色质感，内齿发达。本种相对于其他丽蚌属成员，变化较为稳定。

生态习性 | 栖息于流速较快的大型江河或小河中，1 米以下 8 米以上的沙石底或泥沙底的环境，半掩埋其中滤食生活。

种群 | 分布狭窄，数量在当地河流相对较多。

分布 | 广东南部。

88 毫米　广东茂名
2020-12-30

有些个体靠近壳顶有细碎的条肋

89 毫米　广东茂名
2021-1-2

102 毫米　广东茂名
2020-1-2

95 毫米　广东茂名
2021-1-2

91 毫米　广东茂名
2020-12-30

丽蚌待定种 2 普 狭
Lamprotula sp.

壳长	50 ～ 70 毫米	壳表		体色	■ ■
形状		体型	小型	水系	AS5

本种分类上较为模糊，目前还未有分子学结论，有待研究。

外壳轮廓为弯曲的水滴形。壳表面具细微绒毛质感，丝绒光泽质感不明显，一般壳面底色呈现黑色，也有黄色个体；壳较丽蚌属其他种为厚；壳面光滑无瘤突及凹陷，后背嵴及壳面靠近壳顶处有明显条肋；壳内呈珍珠白色质感，内齿发达。本种相对于其他丽蚌属成员，变化较为稳定。

生态习性 | 栖息于湍急的小河中，1 米以下 8 米以上的沙石底或泥沙底、卵石底的环境，半掩埋其中滤食生活。

种群 | 分布狭窄，数量在当地河流相对较多。

31 毫米　广西来宾
2019-1-2

分布 | 广西。

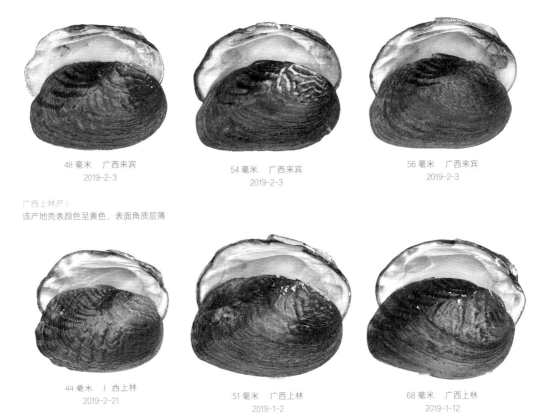

48 毫米　广西来宾
2019-2-3

54 毫米　广西来宾
2019-2-3

56 毫米　广西来宾
2019-2-3

广西上林产 |
该产地壳表颜色呈黄色，表面角质层薄

44 毫米　广西上林
2019-2-21

51 毫米　广西上林
2019-1-2

68 毫米　广西上林
2019-1-12

丽蚌待定种 3 背 狭

Lamprotula sp.

壳长	50 ～ 70 毫米	壳表		体色	■ ■
形状		体型	小型	水系	AS4

本种分类上较为模糊，目前还未有分子学结论，有待研究。

外壳轮廓为近椭圆形，壳表面光亮，丝绒光泽质感明显，一般壳面底色呈现黑色，也有黄色个体；壳较丽蚌属其他种为薄；壳面瘤突细腻而复杂，后背嵴及壳面靠近壳顶处有明显条肋；壳内呈珍珠白色质感，内齿发达，但铰合部薄弱。本种相对于其他丽蚌属成员，变化较为稳定。

生态习性 | 栖息于湍急的小河中，1 米以下 8 米以上的沙石底或泥沙底、卵石底的环境，半掩埋其中滤食生活。

种群 | 分布狭窄，数量在当地河流相对较多。

分布 | 江西、浙江。

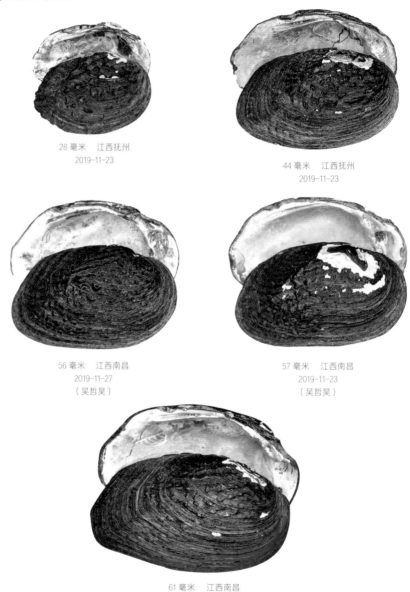

28 毫米　江西抚州
2019-11-23

44 毫米　江西抚州
2019-11-23

56 毫米　江西南昌
2019-11-27
（吴哲昊）

57 毫米　江西南昌
2019-11-23
（吴哲昊）

61 毫米　江西南昌
2019-11-28

丽蚌待定种 4 (罕)(狭)
Lamprotula sp.

壳长	40 ～ 70 毫米	壳表		体色	■
形状		体型	小型	水系	AS4

本种分类上较为模糊，目前还未有分子学结论，本种形态外观近似丽蚌待定种 3，与日本的 *Pronodularia japanensis* (Lea、1859) 形态也接近，有待研究。多数学者将其认为是角月丽蚌，但该标本与原始描述差距甚远，值得商榷。

外壳轮廓为近椭圆形，壳表面具细微绒毛质感，丝绒光泽质感不明显，壳面底色一般呈现黑色；壳较丽蚌属其他种为薄；壳面及后背崤有显著细碎的褶皱状条肋；壳内呈珍珠白色质感，内齿发达。本种相对于其他丽蚌属成员，变化较为稳定。

生态习性 | 栖息于湍急的小河中，1 米以下 5 米以上的沙石底或泥沙底、卵石底的环境，半掩埋其中滤食生活。

种群 | 分布狭窄，数量在当地河流稀少。

分布 | 浙江。

41 毫米　浙江钱塘江
2021-3-3
（李帆）

34 毫米　浙江钱塘江
2021-3-4
（李帆）

丽蚌属壳多面视图

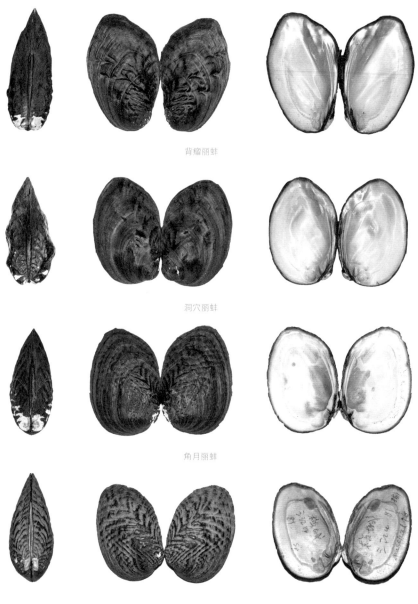

背瘤丽蚌

洞穴丽蚌

角月丽蚌

多肋丽蚌

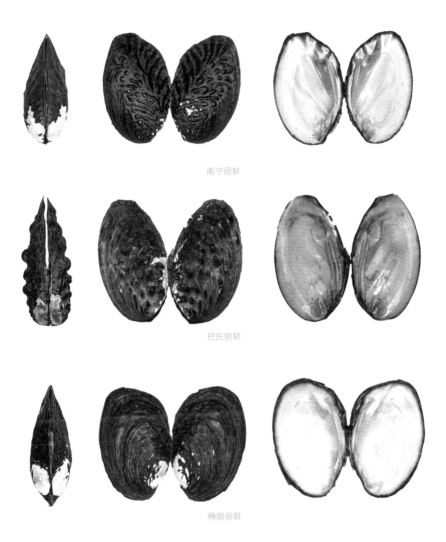

南宁丽蚌

巴氏丽蚌

椭圆丽蚌

锄蚌属
Ptychorhynchus Simpson, 1900

锄蚌属全世界已知 5 种，中国已知分布 5 种。为小型种河蚌，大部分体长仅 3～5 厘米。锄蚌属的物种几乎都是稀有少见的种类，往往只在一整块区域的某些段落才有极少量的种群。本属的物种资料知之甚少。

属分布：主要分布在长江流域，南方各省零星分布。

尖锄蚌 少 广 特
Ptychorhynchus pfisteri (Heude, 1874)
模式产地：Nanking 南京

壳长	70～80 毫米	壳表	◯	体色	■
形状	〰	体型	小型	水系	AS4

本种壳略薄，但有些老年个体壳厚，壳面生长纹理清晰；后背嵴突起，但不显著；靠近背缘处有条纹状脊；壳内内齿较发达。本种种间差异较稳定。

生态习性 | 栖息于流速缓慢的大型江河中，2 米以下 5 米以上的泥沙底的环境，半掩埋于淤泥中滤食生活。

种群 | 本种在分布地少见，呈点状分布，数量稀少。

分布 | 江西、江苏、安徽、河南、湖北、湖南。

87 毫米　江西修水
2019-11-7

75 毫米　江西抚河
2020-12-1

95 毫米　江西昌江
2019-11-9

88 毫米　江西抚河
2020-12-1

83 毫米　江西抚河
2020-12-1

小锄蚌 〔E〕〔广〕〔特〕

Ptychorhynchus murinum (Heude, 1883)

模式产地：Kien-té sud 建德 今安徽省东至县

壳长	30 ～ 40 毫米	壳表	◯	体色	■
形状		体型	小型	水系	AS4

本种幼体体表黄色、绿色或褐色，成熟个体呈现暗黄色或者黑色。壳坚韧但较薄，壳面光滑，生长纹理清晰；后背嵴略微隆起，但不显著；壳内内齿较发达。本种种间差异较稳定。

生态习性｜ 栖息于流速较快的小河中，1 米左右甚至更浅的泥沙底、沙石底环境，半掩埋于其中滤食生活。

种群｜ 仅在小范围出现，数量稀少。

分布｜ 江苏、安徽、河南、湖南。

46 毫米　湖南长沙
2020-12-5
（吴超　摄）

椭圆锄蚌 罕狭特

Ptychorhynchus schomburgianum (Heude, 1885)

模式产地：L'ile de Hai-nan 海南岛

壳长	30 ～ 60 毫米	壳表		体色	■
形状		体型	小型	水系	AS5

　　本种标本早年可见的其实都是东南亚广布的湄公蚌属 *Lens* Simpson, 1900 种类，并非真实的椭圆锄蚌。

　　壳表面质感光亮，成熟个体呈现黑色。壳略厚，生长纹理清晰；后背嵴略微隆起，但不显著；靠近背部有多条肋状突起；壳内内齿较发达。

生态习性 | 栖息于流速较快的小河中，2 米以上的泥沙底环境，半掩埋于其中滤食生活。

种群 | 种群未知，有待发现。

分布 | 海南。

63 毫米　　2020-11-5
海南
（李帆）

华丽锄蚌 罕狭

Ptychorhynchus denserugatum (Haas, 1910)

模式产地：Hainan 海南

壳长	30 ～ 40 毫米	壳表		体色	■ ■
形状		体型	小型	水系	AS5

　　本种标本记录一直以来都极罕，近年来才在南方省份发现本种。

　　壳体表面具有复杂褶皱，表面质感光亮；壳略薄但坚硬；幼体体表绿色，成熟个体呈现暗黄色；壳内内齿较发达。本种种间差异较稳定。

生态习性 | 栖息于流速较快的浅水小沟中，小河仅十几厘米深的浅处亦有发现，泥底或泥沙底、碎石底环境，半掩埋于其中滤食生活。

种群 | 分布狭窄，仅在小范围出现，数量稀少。

分布 | 广西、广东、海南。国外分布于越南等。

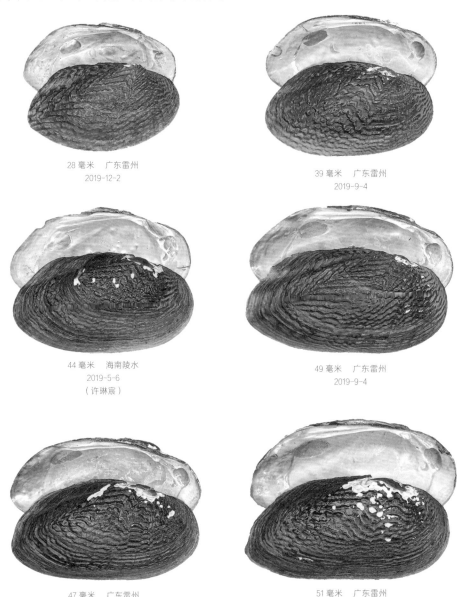

28 毫米　广东雷州
2019-12-2

39 毫米　广东雷州
2019-9-4

44 毫米　海南陵水
2019-5-6
（许琳宸）

49 毫米　广东雷州
2019-9-4

47 毫米　广东雷州
2019-8-5

51 毫米　广东雷州
2019-12-4

珍贵锄蚌 罕 狭 特
Ptychorhynchus schoedei (Haas, 1930)

模式产地：China, Hainan Island, Pisui 中国，海南岛

壳长	30 ～ 40 毫米	壳表	〰	体色	■ ■
形状	〰	体型	小型	水系	AS5

本种一直以来都极少标本记录，近年来才在海南省发现。

壳体表面具有复杂褶皱，表面质感光亮；壳略薄但坚硬；幼体体表绿色，成熟个体呈现暗黄色。壳内内齿较发达。本种种间差异较稳定。

生态习性 | 栖息于流速较快的浅水小沟中，小河亦有发现，但深度一般仅十几厘米。泥底或泥沙底，碎石底环境，半掩埋于其中滤食生活。

种群 | 分布狭窄，仅仅在小范围出现，数量稀少。

分布 | 广西、广东、海南。国外分布于越南等。

32 毫米　海南万泉河
2019-1-18
（许琳宸）

48 毫米　海南万泉河
2019-1-18
（许琳宸）

部分锄蚌属壳多面视图

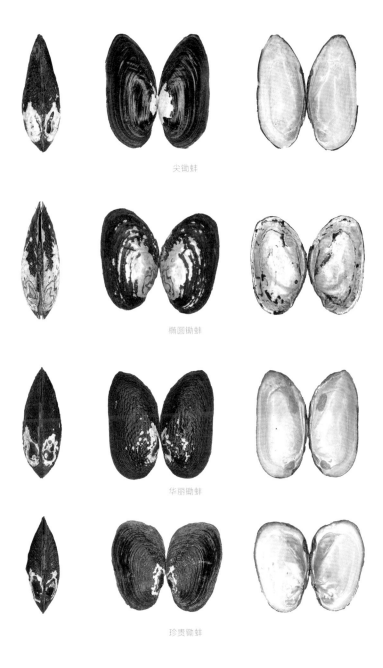

尖锄蚌

椭圆锄蚌

华丽锄蚌

珍贵锄蚌

华蛏蚌属
Sinosolenaia Konopleva & Vikhrev, 2021

华蛏蚌属物种较少，全世界已知 2 种，中国分布 2 种。其中，龙骨华蛏蚌体型巨大，可达 400 毫米，可能是国内有记录最长的河蚌。

本属是国内唯一穴居型的蚌目物种，于水底淤泥中滤食生活，无活动能力；幼体具有相对较强的活动能力，有助于种群扩散。橄榄华蛏蚌种群相对较大，在长江下游的水网地带，常常占据主导地位，但近几年因采集过量种群有减少趋势；龙骨华蛏蚌罕见。

属分布：蛏蚌属物种主要分布在长江黄河流域，这里是本属主要产地。国外越南有橄榄华蛏蚌的分布记录，目前存疑。

橄榄华蛏蚌 普 ⑪ 特

Sinosolenaia oleivora (Heude, 1877)

模式产地：La Hoai supérieure, département de Ing-tch'eou
淮河上游，颍州 今安徽省阜阳市颍州区淮河上游流域

| 壳长 | 150 ~ 200 毫米 | 壳表 | ◯ | 体色 | ■ ■ |
| 形状 | | 体型 | 大型 | 水系 | AS4 |

本种曾用名为"橄榄蛏蚌"，原归属东南亚分布的蛏蚌属 *Solenaia* Conrad, 1869。历史上被分为 3 个独立物种，即 *S. oleivora* (Heude, 1877)、*S. recognita* (Heude, 1877)、*S. iridinea* (Heude, 1874)，分类上还有待研究。

外壳薄，标本易碎。壳面生长纹理清晰；后背嵴隆起，但不显著。外壳体色多变，壳内无内齿结构。本种种间差异较稳定。

生态习性 | 栖息于流速缓慢的大型江河以及天然大型湖泊中，5 米以下 8 米以上的泥底或泥沙底的环境，穴居于淤泥中滤食生活。

种群 | 本种繁殖和生长效率较高，所以在分布地常有一定数量。但近几年采集过度，已有种群消退趋势。

分布 | 江西、安徽、河南、江苏、湖南、湖北。

31 毫米　江西赣江
2020-1-5

138 毫米　江西鄱阳湖
2021-1-1

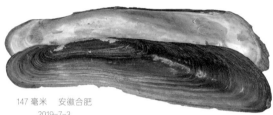

85 毫米　江西鄱阳湖
2019-12-18

147 毫米　安徽合肥
2019-7-3

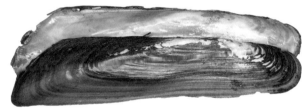

158 毫米　安徽合肥
2019-7-3

210 毫米　河南信阳
2019-2-1

龙骨华蛏蚌 ⚬⚬⚬

Sinosolenaia carinata (Heude, 1877)

模式产地：Cefragment fossilisévient probablementdes lacsdeMien-iang-tch'eou (Hou-pé);se trouveauKiang-si,rivièrede Foutch'eou? 标本碎片可能来自沔阳的湖泊（湖北），可能分布在江西抚州的河流里 沔阳即今湖北省仙桃市

壳长	350 ~ 416 毫米	壳表	⬭	体色	■
形状	🐚	体型	巨型	水系	AS4

本种曾用名为"龙骨蛏蚌 *Solenaia carinata*"，原归属东南亚分布的蛏蚌属 *Solenaia* Conrad, 1869。

1941 年，法国传教士 P. R. Heude 在江西发现了半个贝壳左壳碎片，描述为"背部有龙骨皱褶，后攀圆、压扁"。作为一个业余的博物学家，职业的敏感让他觉得这应该是一个新的物种，他凭此碎片发表了新物种。在接下来的一百年里，几乎所有的软体动物分类学家都不承认这个物种名的有效性，并且也再未见任何报道。1986 年中国贝类学家刘月英和吴小平在江西鄱阳湖地区重新发现并描述龙骨华蛏蚌，从此一锤定音。

本种为巨型河蚌，同时可能也是中国最长的河蚌，目前已知最大长度可达 41 厘米。壳相比橄榄华蛏蚌较厚，壳面生长纹理清晰；后背嵴龙骨状发达突起，十分显著，本种因此得名。本种种间差异较稳定。

生态习性｜ 栖息于流速缓慢的大型江河中以及天然大型湖泊，5 米以下 12 米以上的泥底或泥沙底的环境，穴居于淤泥中滤食生活。

种群｜ 在分布地数量较少，点状分布。现已列为中国国家二级保护动物。

分布｜ 为中国特有种，仅江西、湖南分布。历史上广布于长江、黄河中下游地区。

法国传教士 P. R. Heude 描述的龙骨华蛏蚌

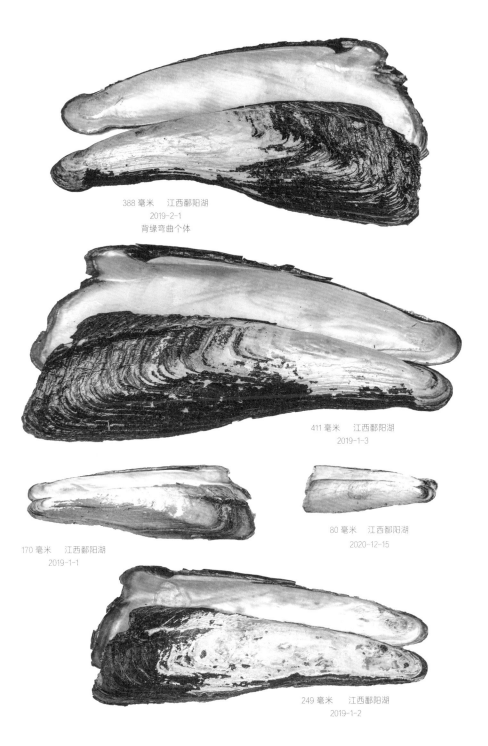

388 毫米　江西鄱阳湖
2019-2-1
背缘弯曲个体

411 毫米　江西鄱阳湖
2019-1-3

170 毫米　江西鄱阳湖
2019-1-1

80 毫米　江西鄱阳湖
2020-12-15

249 毫米　江西鄱阳湖
2019-1-2

华蛏蚌属壳多面视图

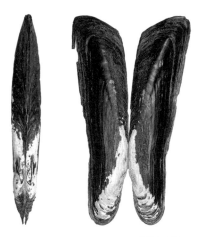
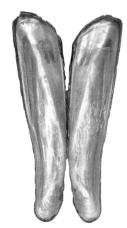

橄榄华蛏蚌

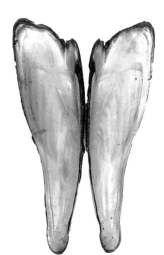

龙骨华蛏蚌

小蛏蚌属
Parvasolenaia Huang & Wu in Huang et al., 2019

小蛏蚌属全世界已知 2 种，中国已知 2 种，本属全为罕见种。体型较小，一般 3～10 厘米。该类个体差异较小；多数表面生长纹理不显著；外壳轮廓为长三角形；外壳表面光滑；壳薄，壳内主体呈暗白色；壳内无内齿。小蛏蚌属原归属蛏蚌属，其近似锄蚌过渡到华蛏蚌的中间物种。

属分布：主要分布在长江中下游各个流域，这里是本属主要产地。

小蛏蚌 罕 广 特
Parvasolenaia rivularis (Heude, 1877)

模式产地：Un ruisseau près de la ville de Lieou-ngan-tch'eou, et les rivières du département ne Ning-kouo (Ngan-hoei). Ning-kouo-hien (Ngan-hoei) 六安州附近的溪流和宁国区（安徽）宁国县（安徽）的河流 今安徽省六安市，宣城市一带

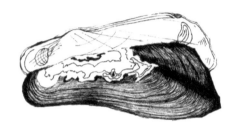

壳长	60～90 毫米	壳表	◯	体色	■ ■
形状	〰️	体型	小型	水系	AS4

本种曾用名为"河蛏 *Solenaia rivularis*"，原归属东南亚分布的蛏蚌属 *Solenaia* Conrad, 1869。为小型种，罕见。

壳表面较为光滑，生长纹理显著；质感薄，后背嵴隆起，整体背面观较扁；壳内没有内齿。本种种间差异较稳定。

生态习性| 栖息于流速缓慢或湍急的大型江河中，2 米以下 8 米以上的泥底或泥沙底的环境，半掩埋其中滤食生活。

种群| 近十几年来仅有少量活体、标本记录，近几年仅发现极少活体。

分布| 江西、福建、湖南、安徽、河南。

35 毫米　江西南昌
2020-5-12

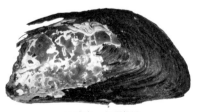

55 毫米　江西抚河
2020-1-13
头部萎缩的个体

59 毫米　江西抚河
2020-1-2
（黄剑斌　摄）

65 毫米　江西抚河
2020-5-1
（黄剑斌　摄）

三角小蛏蚌 罕 狭 特

Parvasolenaia triangularis (Heude, 1885)

模式产地：Kincha-Kiang à Tchong-K'ing, province de Se-Tchouan 重庆市金沙江流域

壳长	60 ～ 90 毫米	壳表	◯	体色	■
形状	〰	体型	小型	水系	AS4

　　本种曾用名为"三角蛏蚌 *Solenaia triangularis*"，原归属东南亚分布的蛏蚌属 *Solenaia* Conrad, 1869。为小型种，极为罕见。可能是一个单属物种，可惜并无获得标本。

　　壳为长三角形；壳表面较为光滑，呈黑色。壳质感较小蛏蚌厚且坚韧，生长纹理显著；后背嵴隆起。本种种间差异较稳定。

　　生态习性| 推测栖息于湍急的江河中，卵石底环境，半掩埋其中滤食生活。

　　种群| 本种罕见，国内仅 1885 年一笔记录，种群不明。

　　分布| 四川。

60 毫米　四川中江
1885 年
（国家动物标本资源库　丁亮　摄）

小蛏蚌属壳多面视图

小蛏蚌

三角小蛏蚌

北蛏蚌属
Koreosolenaia Lee, Kim, Lopes-Lima & Bogan, 2020

北蛏蚌属目前全世界已知 1 种。体型较小，一般 3 ～ 9 厘米。本属常年被认为是小蛏蚌属的物种，2020 年新的分子学研究显示该类独立成属。

属分布：分布于辽宁、吉林的鸭绿江流域。国外朝鲜和韩国可见。

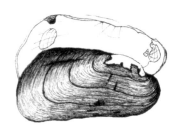

北蛏蚌 少 狭
Koreosolenaia sitgyensis Lee, Kim, Lopes-Lima & Bogan, 2020

模式产地：DalcheonStream (HangangRiver Basin)
(36.931019°N127.931339°E), Salmi-myeon, Chungju-si,
SouthKorea 韩国忠州市达川河（汉江流域）

壳长	60 ～ 80 毫米	壳表	◯	体色	■ ■
形状	🐚	体型	小型	水系	AS2

本种形态近似小蛏蚌属物种。

壳体生长纹理显著；壳薄但坚韧，干燥后容易开裂，壳内呈珠光质感；无内齿结构。种间差异较稳定，外形仍会有些变化。本种活体时，斧足和外套膜呈现鲜艳黄红色。

生态习性| 栖息于流速缓慢的大型江河中，1 米以下 4 米以上的泥底或泥沙底的环境，半掩埋其中滤食生活。

种群| 近几年发现本种活体记录，当地有一定数量的种群。

分布| 辽宁、吉林。国外朝鲜、韩国可见。

31 毫米　辽宁丹东
2021-8-5

44 毫米　辽宁丹东
2021-8-5

55 毫米　辽宁丹东
2021-8-5

62 毫米　辽宁丹东
外壳易开裂
2021-8-5

72 毫米　辽宁丹东
2021-8-5

81 毫米　辽宁丹东
2021 8 5

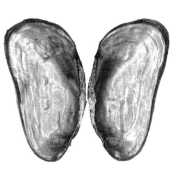

北蛏蚌壳多面视图

倒齿蚌属
Inversidens Haas, 1911

倒齿蚌属全世界已知 3 种，中国已知分布 2 种，其中 *Inversidens pantoensis* (Neumayr, 1899) 根据结构和分布显示其可能并不是倒齿蚌属。本属均为小型种河蚌，大部分体长仅 3 ～ 5 厘米。倒齿蚌属的物种几乎都是稀有少见的种类，往往只在一整块区域的某些段落才有极少量的种群。本属的物种资料知之甚少。

属分布：主要分布在长江流域，国外主产于日本本岛、朝鲜半岛。

任田倒齿蚌 ㊀少 ●狭 ㊀特

Inversidens rentianensis Wu & Wu, 2021

模式产地：China Jiangxi Province, Ganzhou City, Rentian Town
江西赣州任田镇

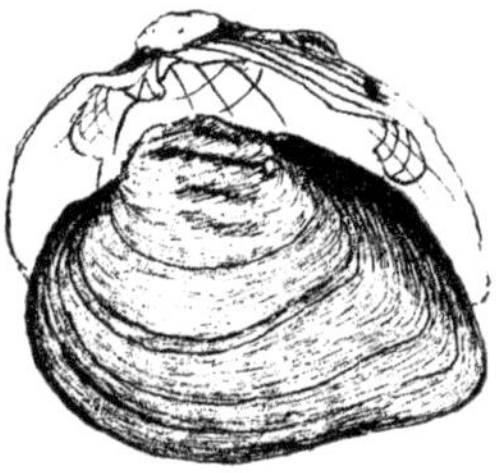

壳长	43 ～ 52 毫米	壳表	≋	体色	■■
形状	△	体型	小型	水系	AS4

本种外观近似三槽尖嵴蚌 *A. trisulcata*，但体型较大，其分子显示为倒齿蚌属 *Inversidens*。

轮廓近三角形，后背部略弯曲，后端末端略尖，靠近前端膨大；其靠近壳顶处有 2 ～ 3 道斜向生长的条肋；壳表面呈褐色。壳有一定厚度，生长纹理清晰；壳内呈现鲑肉色质感，内齿发达。本种种间差异较稳定。

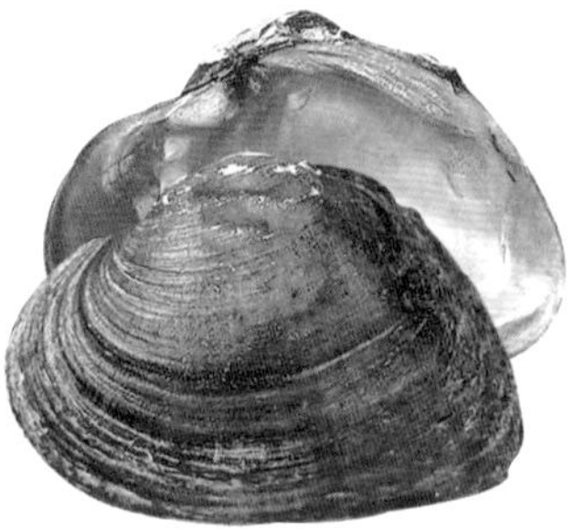

38 毫米　江西赣州
2020-9
（武瑞文　摄）

生态习性 | 栖息于有一定流速的小河中，1 米左右甚至更浅的泥沙底环境，半掩埋于其中滤食生活。

种群 | 分布狭窄，仅仅在小范围出现，数量稀少。

分布 | 江西。

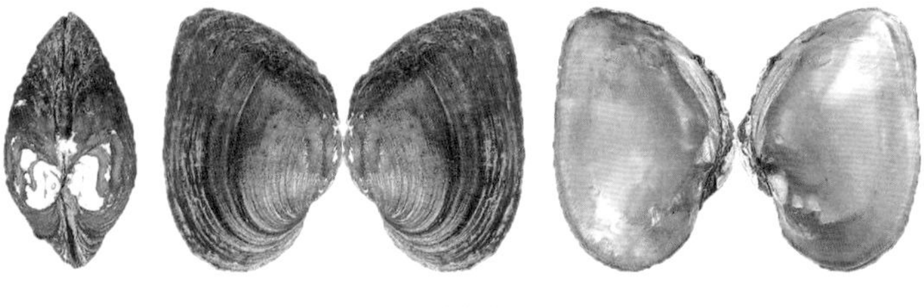

任田倒齿蚌壳多面视图

帆蚌属
Sinohyriopsis Starobogatov, 1970

帆蚌属全世界已知3种，中国已知3种，其中日本帆蚌为非原生。该类为中大型河蚌，大部分壳长18～25厘米，个体差异较为稳定。壳近三角形，壳后背部有翼状结构，靠近壳后端略尖或圆钝；壳体较扁、厚重；壳表面光滑或具有褶皱，具有一定光泽；后背嵴隆起；壳呈黑色，幼体黄色或绿色，有些带有色带；壳内乳白色珍珠质感，具有内齿。本属主要栖息在较为广阔的天然江河和天然湖泊中。半掩埋水底淤泥中滤食生活；幼体具有相对较强的活动能力，有助于种群扩散。帆蚌属物种常见，常作为养殖珍珠的经济动物。

属分布：分布于长江流域及其以南各省。

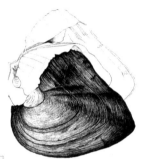

三角帆蚌 晋广
Sinohyriopsis cumingii (Lea, 1852)
模式产地：northern part of China 中国北部

壳长	150～250毫米	壳表	◯	体色	■ ■
形状	◯	体型	大型	水系	AS4

其实这是一个尚待讨论的种类，尤其是日本帆蚌在分子学层面极其近似二角帆蚌，其余种类的分子学数据目前未知。有学者曾经讨论过，如以日本帆蚌的分子差异为独立种，那么淮河及其他流域的三角帆蚌均为独立种。

外壳轮廓近三角形；整体较为薄，不厚鼓；壳表面光滑，但带有褶皱；壳面生长纹理清晰，壳呈黑色，幼体黄色；壳有一定厚度，壳内呈暗紫色珍珠母光泽，铰合部具有内齿，幼贝不发达但成贝显著。本种种间差异较稳定。

生态习性 | 栖息于流速缓慢的大型江河以及天然大型湖泊及人工池塘环境中，1米以下5米以上的泥底或泥沙底的环境，半掩埋其中滤食生活。

种群 | 十分常见，常见人工养殖取珠。

分布 | 福建、广东、浙江、江西、湖南、湖北、江苏等地广泛分布，多地有人工养殖。

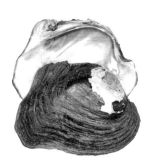

47 毫米　江西鄱阳湖
2020-12-2

174 毫米　江西鄱阳湖
2019-2-1
畸形的个体

190 毫米　江西都昌
2021-9-14
（曹平　摄）

219 毫米　江西鄱阳湖
2018-11-2

240 毫米　江西都昌
2021-9-14
（曹平　摄）

歌莉娅帆蚌 少狭

Sinohyriopsis goliath (Rolle, 1904)

模式产地：Tonkin 东京 今越南北部

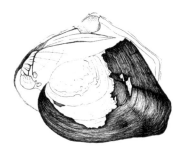

壳长	150～250 毫米	壳表	○		体色	■ ■
形状	🐚		体型	大型	水系	AS5

本种极近似三角帆蚌，尚有争议，产地死壳罕见，且未取得分子数据。

外壳轮廓近三角形；整体较为薄，不厚鼓；壳表面光滑，但带有褶皱；壳面生长纹理清晰，壳呈黑色，幼体黄色；壳有一定厚度，壳内呈暗紫色珍珠母光泽，铰合部具有内齿，幼贝不发达但成贝显著。本种种间差异较稳定。

生态习性 | 栖息于流速缓慢的大型江河中，1米以下5米以上的泥底或泥沙底的环境，半掩埋其中滤食生活。

种群 | 数量稀少。

分布 | 广西。

135 毫米　广西崇左
2019-2-3

148 毫米　广西上林
2019-5-18

帆蚌属壳多面视图

歌莉娅帆蚌

三角帆蚌

室蚌属
Chamberlainia Simpson, 1900

室蚌属全世界已知 1 种，中国 1 种。该类体中大型，可达 15 ～ 24 厘米；壳极厚重；个体差异较稳定。本属主要栖息在水流湍急的热带江河中，半掩埋在卵石底或者泥沙底的水下环境滤食生活，活动能力弱。室蚌属的物种罕见，国内标本罕见。本属近似帆蚌属，分类学地位还有待研究。

属分布：主要分布在中国西南地区，广西和云南。国外泰国、越南、老挝均有分布。

室蚌 罕 狭
Chamberlainia hainesiana (Lea, 1856)
模式产地：Siam 泰国

壳长	150 ～ 240 毫米	壳表	◯	体色	■
形状	🐚	体型	大型	水系	AS5

本种十分罕见，仅见国家动物标本资源库 1974 年于广西西部采集的 2 号标本，此标本也可能是歌莉娅帆蚌 *Sinohyriopsis goliath* (Rolle, 1904) 的成熟个体，尚待讨论。

壳表面光滑，靠近背部带有褶皱条肋；壳呈现黑色。靠近壳顶常常腐蚀，生长纹理显著；壳极厚重；壳内呈白玉质感，内齿较发达。本种个体差异较稳定。

生态习性 | 栖息于湍急的大型江河中，4 米以下 8 米以上的卵石底、泥沙底环境，半掩埋其中滤食生活。

种群 | 分布较为狭窄，广西西部的崇左、龙州有发现。2000 年后罕有标本记录。

分布 | 广西西部、云南南部。国外泰国、越南、老挝均有分布。

195 毫米　广西龙州
1974-4
（国家动物标本资源库　丁亮　摄）

186 毫米　广西邕宁
1974-4
本种表皮常常大面积腐蚀
（国家动物标本资源库　丁亮　摄）

室蚌壳多面视图

■ 雕刻蚌亚科 Parreysiinae Henderson 1935

雕刻蚌亚科种类丰富，全世界已知 117 种，中国已知 1 种。该亚科在中国已知仅印支蚌族 Indochinellini Bolotov, Pfeiffer, Vikhrev & Konopleva in Bolotov et al., 2018。本亚科主产于东南亚热带国家，喜热带河流环境，中国属于边缘分布。

小珠蚌属
Unionetta Haas, 1955

小珠蚌属全世界已知 1 种，中国已知 1 种，本属种为标准的热带物种。体型较小，一般 3 ～ 4 厘米。本属多数表面生长纹理显著；外壳轮廓为近三角形，后背嵴隆起；壳表面光滑；壳厚实，壳内主体呈珍珠白色；壳内内齿发达；该类个体差异较小。

属分布：国内分布于云南。主要分布在湄公河流域，这里是本属主要分布地。

豆状小珠蚌 少 狭
Unionetta fabagina (Deshayes in Deshayes & Jullien, 1876)
模式产地：rivage du Mekong, a Sombor 湄公河，颂波

壳长	30 ～ 40 毫米	壳表	◯	体色	■ ■
形状	🐚	体型	小型	水系	AS5

本种为小型种。壳形近三角形，厚鼓呈豆状，壳表面较为光滑，生长纹理显著，呈暗绿色、褐色亚光质感；后背嵴隆起，且靠近壳顶处有一列小棘；壳内内齿发达。本种种间差异较稳定。

生态习性 | 栖息于流速较快、湍急的大型江河中，2 米以下 8 米以上的泥底或泥沙底的环境，半掩埋其中滤食生活。

种群 | 本种少见，为中国新记录物种，分布地数量稀少，常与华丽湄公蚌混生。

分布 | 云南西双版纳。

39 毫米　云南版纳
2020-2-15
（陈重光）

43 毫米　云南西双版纳
2020-2-14
（陈重光）

45 毫米　云南西双版纳
2020-1-29

豆状小珠蚌壳多面视图

云南西双版纳罗梭江是本种的栖息地，产地水流湍急，为卵石底

▌ 方蚌亚科 Rectidentinae Modell, 1942

方蚌亚科种类适中，全世界目前已知 57 种，中国已知 2 种。该亚科在中国仅 Contradentini 族。本亚科主产于东南亚热带国家，喜热带河流环境，中国属于边缘分布，仅云南、广西可见。

湄公蚌属
Lens Simpson, 1900

湄公蚌属全世界已知 7 种，中国已知 1 种，本属种地位较为混乱，诸多物种形态变化大，形态学难以区分，仅能通过分子学手段分类。本属为标准的热带物种，体型较小，本属种类一般壳长 40 ～ 70 毫米。本属多数表面具有雕刻状花纹，主体呈黄绿色；外壳轮廓为近椭圆形，整体厚鼓膨胀；壳薄但坚韧，壳内主体呈珍珠白色；壳内内齿发达；该类个体差异极大。

属分布：国内分布于云南。主要分布在湄公河流域，这里是本属主要分布地。

华丽湄公蚌 背 狭
Lens comptus (Deshayes in Deshayes & Jullien, 1876)
模式产地：Camboge 柬埔寨

壳长	40 ～ 80 毫米	壳表	⬭ ⧈	体色	■
形状	⬭	体型	小型	水系	AS5

本种为中国新记录种，在云南南部诸多河流为常见种类，根据国家动物标本资源库 1957 年采集的标本显示，本种一直向北分布到云南昆明周边。

壳形近长椭圆形，靠近壳顶常常有细致紧密的雕刻状条肋；背部观主体膨胀或扁平，差异很大；壳表面呈暗绿色、褐色亚光质感，幼贝黄绿色；壳内内齿发达。每个个体都有显著变化，较为独特；本种种间差异巨大。

34 毫米　云南西双版纳
2021-3-2

生态习性 | 栖息于流速较快、湍急的大型江河中，2 米以下 8 米以上的泥底或泥沙底、卵石底的环境，半掩埋其中滤食生活。

种群 | 分布地数量较多。

分布 | 云南中南部。

36 毫米　云南西双版纳
2019-12-4

55 毫米　云南西双版纳
2021-3-2
本种表面常有不规则的凹坑，
可能因为栖息地卵石、砂石等因素导致

54 毫米　云南西双版纳
2019-12-28

57 毫米　云南西双版纳
2020-4-1

66 毫米　云南西双版纳
2019-3-23

67 毫米　云南西双版纳
2021-3-2

华丽湄公蚌壳多面视图

平齿蚌属
Physunio Simpson, 1900

平齿蚌属全世界已知 5 种，中国已知 1 种，本属种为标准的热带物种。体型较小，本属种类壳长一般约为 50 ～ 80 毫米。本属多数表面光滑，黄绿色；外壳轮廓近扇形，整体厚鼓膨胀；壳薄但坚韧，壳内主体呈珍珠白色；壳内内齿呈平行条状。该类个体差异较小。

属分布：国内分布于云南。主要分布在湄公河流域，这里是本属主要分布地。

膨胀平齿蚌 ⟨罕⟩⟨狭⟩
Physunio superbus (Lea, 1843)
模式产地：New Holland 新荷兰（此模式产地应为谬误）

壳长	60 ～ 80 毫米	壳表	⬭	体色	⬛
形状	🐚	体型	小型	水系	AS5

本种为中国新记录种，稀有少见，是标准的热带区系物种。壳形近扇形，靠近壳顶厚鼓、膨胀；壳表面较为光滑，生长纹理不明显，呈暗绿色、褐色亚光质感；壳内内齿呈现平行长条状，较为独特。本种种间差异较稳定。

生态习性｜ 栖息于流速较快、湍急的大型江河中，2 米以下 8 米以上的泥底或泥沙底的环境，半掩埋其中滤食生活。

种群｜ 罕见，分布地数量稀少。

分布｜ 云南南部。

74 毫米　云南西双版纳
2019-4-5

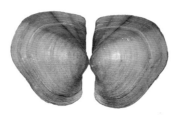

膨胀平齿蚌壳多面视图

▌待定种

中国广阔的土地之上，还纵横着许多我们知之甚少的河流，这些河流中生活着独特的河蚌；一些种类仅在文献中记载，一些则是我们在这些河流中发现的未知或尚待讨论的种类。

待定种 1 普 狭

壳长	40 ~ 60 毫米	壳表	⬭	体色	■
形状	🐚	体型	小型	水系	AS5

本种为小型蚌类，分子学上近似锄蚌属，有待研究。

外壳轮廓为近椭圆形，整体扁薄。壳表面光滑、漆亮质感，壳面底色呈黑色；壳厚度适中；壳内呈珍珠白色质感，内齿发达，侧齿倾斜生长，半退化。本种形态变化较大。

生态习性| 栖息于湍急的小河中，1 米以下 5 米以上的沙石底或泥沙底、卵石底的环境，半掩埋其中滤食生活。

种群| 数量在当地河流中较多。

分布| 广西桂林。

34 毫米 广西桂林
2019-1-2

65 毫米 广西桂林
2019-1-2

53 毫米 广西桂林
2019-1-2

60 毫米 广西桂林
2019-1-2

66 毫米 广西桂林
2019-1-2

待定种 2 ㊀狭

壳长	40 ~ 50 毫米	壳表	⬭	体色	■
形状	〰️	体型	小型	水系	AS4

本种为小型蚌类，暂无分子数据，有待研究。

外壳轮廓为近长椭圆形，整体厚鼓，外观近似圆顶珠蚌。壳表面光滑，亚光质感，生长纹显著；壳面底色呈黑色；壳厚度适中；壳内呈鲑肉色质感，内齿发达。本种形态变化较大。

生态习性 | 栖息于湍急的小河中，1 米以下 5 米以上的沙石底或泥沙底、卵石底的环境，半掩埋其中滤食生活。

种群 | 分布狭窄，数量稀少。

分布 | 贵州。

50 毫米 贵州凯里
2020-4-8
（袁萌 摄）

50 毫米 贵州凯里
2020-5-6
（袁萌 摄）

待定种 3 ㊀狭

壳长	40 ~ 60 毫米	壳表	⬭	体色	■
形状	〰️	体型	小型	水系	AS4

本种为小型蚌类，分子学上与圆顶珠蚌差异大，有待研究。

外壳轮廓为近长椭圆形，整体厚鼓，外观近似圆顶珠蚌。壳顶具有细腻雕刻状条肋，壳表面光滑，呈光亮质感，生长纹显著；壳面呈黄色；壳厚度适中；壳内呈珍珠白色质感，内齿发达。本种形态变化较大。

生态习性 | 栖息于湍急的小河中，1 米以下 5 米以上的沙石底或泥沙底、卵石底的环境，半掩埋其中滤食生活。

种群 | 分布狭窄，罕见。

分布 | 湖北。

51 毫米　湖北襄阳
2021-1-2
（叶茂　摄）

54 毫米　湖北襄阳
2021-1-3
（叶茂　摄）

47 毫米　湖北襄阳
2020-11-2
（叶茂　摄）

待定种 4 罕狭

壳长	40 ~ 50 毫米	壳表	◯	体色	■
形状	〰	体型	小型	水系	AS4

本种为小型蚌类，暂无分子数据，有待研究。

外壳轮廓为近长椭圆形，整体厚鼓，外观近似圆顶珠蚌。壳表面光滑，亚光质感，生长纹显著；壳面底色呈现黑色；壳厚度适中；壳内呈鲑肉色质感，内齿发达。本种形态变化较大。

生态习性 | 未知。

种群 | 分布狭窄，仅见死壳。

分布 | 四川成都。

53 毫米　四川成都
2019-2-2
（陈重光　摄）

待定种 5 罕 狭

壳长	50～80 毫米	壳表	◯	体色	■ ■
形状		体型	小型	水系	AS4

本种为小型蚌类，未取得活体分子数据，有待研究。

外壳轮廓为近椭圆形，整体扁薄。壳表面呈光亮质感，壳面底色呈黄色或暗红色；壳较厚度适中；壳内呈珍珠白色质感，内齿发达。本种形态变化较大。

生态习性 | 栖息于湍急的小河中，1 米以下 5 米以上的沙石底或泥沙底、卵石底的环境，半掩埋其中滤食生活。

种群 | 分布狭窄，在当地河流中罕见。

分布 | 四川嘉陵江。

58 毫米　四川嘉陵江
2020-3-2
（陈重光　摄）

待定种 6 罕 狭

壳长	50～70 毫米	壳表	◯	体色	■ ■
形状		体型	小型	水系	AS4

本种为小型蚌类，未取得活体分子数据，有待研究。

外壳轮廓为弯曲水滴形。壳尾部末端略尖锐，靠近头部膨大，整体厚鼓；壳表面亚光质感，壳面底色呈黄色或暗红色；壳较厚；壳内呈珍珠白色质感，内齿发达。本种形态变化较大。

生态习性 | 栖息于湍急的小河中，1 米以下 5 米以上的沙石底或泥沙底、卵石底的环境，半掩埋其中滤食生活。

种群 | 分布狭窄，在当地河流中罕见。

分布 | 四川。

68 毫米　四川成都
2019-2-2
（陈重光　摄）

待定种 7 ⓒ 狭

壳长	60 ～ 75 毫米	壳表	⬭	体色	未知
形状	〰	体型	小型	水系	AS4

本种为小型蚌类，未取得活体分子数据，有待研究。仅于 1981 年由贝类学家曾和期先生采集，后未见标本记录。

外壳轮廓为椭圆形，整体扁薄。壳尾部末端略尖锐，壳较厚；壳内内齿发达。本种形态变化较大。

生态习性 | 未知。

种群 | 分布狭窄，在当地河流中罕见。

分布 | 仅见于四川遂宁东禅。

待定种 8 ⓒ 狭

壳长	80 ～ 90 毫米	壳表	⬭	体色	■
形状	〰	体型	小型	水系	AS4

本种为小型蚌类，未取得活体分子数据，有待研究。

外壳轮廓为近椭圆形，整体厚鼓。壳表面亚光质感，壳面底色呈黄色；壳较厚度适中；壳内呈珍珠白色质感，内齿退化消失。本种形态变化较大。

生态习性 | 未知。

种群 | 分布狭窄，仅见死壳。

分布 | 内蒙古赤峰。

81 毫米　内蒙古赤峰
2019-12-3

89 毫米 内蒙古赤峰
2019-11-2

91 毫米 内蒙古赤峰
2019-1-2

待定种 9 罕 狭

壳长	30 ～ 35 毫米	壳表	◯	体色	◼
形状	〰	体型	小型	水系	AS4

本种为小型蚌类，有待研究。根据本种分布环境，推测共生关系为白边鳑鲏 *Rhodeus albomarginatus*，十分特殊。

外壳轮廓为近长椭圆形，整体扁薄，外观近似圆顶珠蚌。壳表面光滑，亚光质感，生长纹显著；壳面底色呈绿色，原生地常有黑色污染包裹外壳；壳较厚度适中；壳内呈珍珠白色质感，内齿发达。本种形态变化较大。

35 毫米 安徽祁门
2020-11-5
（李帆）

生态习性 | 栖息于湍急的小河中，浅水环境的沙石底或泥沙底、卵石底的环境，半掩埋其中滤食生活。

种群 | 分布狭窄，罕见。

分布 | 仅见于安徽。

36 毫米 安徽祁门
2018-11-3
壳表面具有黑色覆盖物，所有标本均有这个特征
（李帆）

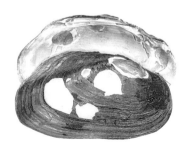

36 毫米 安徽祁门
2020-11-5
（李帆）

部分待定种壳多面视图

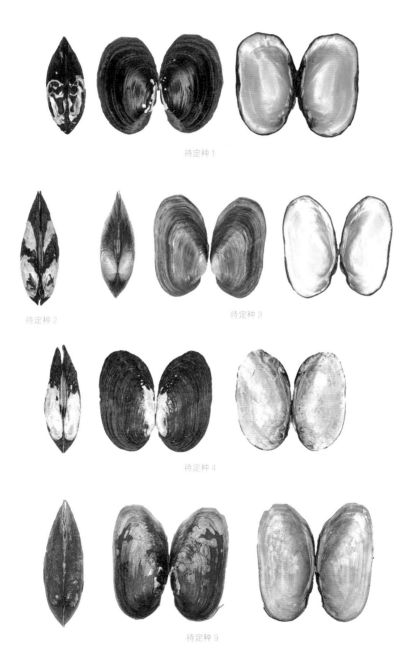

待定种 1

待定种 2

待定种 3

待定种 4

待定种 9

▌ 疑似中国有分布的蚌目物种

　　长久以来，国内的河蚌类调查多局限于长江、黄河流域，对中国边境省份和自治区的调查较少。且早些年鉴定不易，多数物种被当作常见种类未予重视。根据多方资料显示，其实在云南、广西、西藏东南部可能分布着一些不太好调查的蚌目物种，这些热带河蚌生活在湍急危险的卵石底河流中，采集人难以涉足。

　　对于这些蚌类的了解知之甚少，它们中的一些种类可能因为近些年的开发，还没被我们发现就早早消失。

寰宇印度蚌
Indonaia caerulea (Lea, 1831)

模式产地：River Hoogly, Hindostan 印度，胡格里河

国内可能分布地区：云南西部（盈江、瑞丽）

舒氏印度蚌
Indonaia shurtleffiana (Lea, 1856)

模 式 产 地：Sina River, India, Major Le Conte. Abmednugger, India. 印度，艾哈迈德讷格尔，希那河

国内可能分布地区：云南西部（盈江、瑞丽）

近缘层纹蚌
Lamellidens consobrinus (Lea, 1860)

模式产地：China 中国

国内可能分布地区：云南西部（盈江、瑞丽）

层纹蚌
Lamellidens lamellatus (Lea, 1838)

模式产地：Bengal 孟加拉国

国内可能分布地区：据记载广东曾有一笔记录

八莫里奥蚌
Leoparreysia bhamoensis (Theobald, 1873)

模式产地：prope Bhamo, regno Birmanico ; necnon in Prome occidentali Brovincid Begu. 缅甸八莫

国内可能分布地区：云南西部

缅甸里奥蚌
Leoparreysia burmana (Blanford, 1869)

模式产地：in flumine Iravadi ad Bhamo in regno Avae 伊洛瓦底江，八莫，缅甸

国内可能分布地区：云南西部

（何径 摄）

费氏里奥蚌
Leoparreysia feddeni (Theobald, 1873)

模式产地：Central India, Peemgunga River 印度，皮谷拉河
国内可能分布地区：云南西部

皱纹帕雷蚌
Parreysia corrugata (Müller, 1774)

模式产地：India, Coromandel Island 印度，科罗曼德岛
国内可能分布地区：云南西部、西藏东南

胀齿帕雷蚌
Parreysia favidens (Benson, 1862)

模式产地：India, Assam 印度，阿萨姆
国内可能分布地区：云南西部、西藏东南

（何径　摄）

南亚糙蚌
Scabies crispata (Gould, 1843)

模式产地：Tavoy, British Burmah 缅甸土瓦河
国内可能分布地区：云南南部

老熟梯形蚌
Trapezidens exolescens (Gould, 1843)

模式产地：Tavoy, Burmah 缅甸土瓦河
国内可能分布地区：据记载广东曾有记录

稀褶拟齿蚌
Pseudodon resupinatus Martens, 1902

模式产地：Than-Moi, Tonkin 越南北部一地名
国内可能分布地区：广西崇左

乔迪珠蚌
Nodularia jourdyi (Morlet, 1886)

模式产地：Tonkin. Environs de Dang-son 越南邓山
国内可能分布地区：广西西南

（何径 摄）

米氏珠蚌
Nodularia micheloti (Morlet, 1886)

模式产地：Tonkin 东京 今越南北部
国内可能分布地区：广西西南

楔形剑齿蚌
Ensidens ingallsianus (Lea, 1852)

模式产地：Siam 泰国
国内可能分布地区：云南西双版纳

精致浮雕蚌
Harmandia somboriensis Rochebrune, 1882

模式产地：Rapides de Sombor-Sombor 柬埔寨地名
国内可能分布地区：云南西双版纳

米氏鳍蚌
Hyriopsis myersiana (Lea, 1856)

模式产地：Siam 泰国

国内可能分布地区：云南西双版纳

（何径　摄）

龙骨皮氏蚌
Pilsbryoconcha carinifera (Conrad, 1837)

模式产地：原始文献未记录

国内可能分布地区：云南南部

（何径　摄）

小皮氏蚌
Pilsbryoconcha exilis (Lea, 1838)

模式产地：原始文献记录为"unknown"

国内可能分布地区：云南南部

美沙原蚌
Protunio messageri (Bavay & Dautzenberg, 1901)

模式产地：Entre Lang-Son et That-Khe 越南谅山市和七溪市

国内可能分布地区：广西西南部

▍外来入侵的河蚌

由于国内淡水养殖品种的增加，时有引入外来淡水鱼，抑或是因淡水珍珠的需求引种，河蚌的钩介幼虫不易检测或管控，从而导致境外河蚌类入侵。

国内已记录 3 种原产于北美的外来河蚌，以及 1 种原产于日本的河蚌。根据观察，多数未能构成生态影响。

日本帆蚌
Sinohyriopsis schlegelii (Martens, 1861)
模式产地：Japan 日本

壳长	140～250 毫米	壳表	〰	体色	■ ■
形状	〰	体型	大型	原产	日本

外壳轮廓近三角形，整体较薄，不厚鼓。壳表面光滑，但带有褶皱；壳面生长纹理清晰，壳呈红褐色，幼体黄色；壳有一定厚度，壳内呈暗紫色珍珠母光泽，铰合部具有内凹，幼贝不发达但成贝显著，本种种间差异较稳定。

生态习性 | 栖息于人工池塘环境，1 米以下 5 米以上的泥底或泥沙底的环境，半掩埋其中滤食生活。

种群 | 十分常见，见于人工养殖取珠。

分布 | 浙江、江西、江苏等地，多地有人工养殖。

182 毫米　浙江杭州
2020-1-12

148 毫米　浙江杭州
2020-1-2

83 毫米　浙江杭州
2020-1-2

三褶缓行蚌

Amblema plicata Say, 1817

模式产地：Lake Erie 美国，伊利湖

壳长	50～110毫米	壳表		体色	■ ■
形状		体型	小型	原产	美国

本种数量稀少，不常见，可能由于引进美国产的大口黑鲈 *Micropterus salmoides* 携带的钩介幼虫导致入侵，但未形成种群。本种外观与洞穴丽蚌 *L. caveata* 十分接近。

外壳轮廓呈椭圆形，整体较厚鼓。靠近壳顶处常常腐蚀；壳面生长纹理清晰，且具有多道显著粗大条肋；后背脊隆起；壳呈黑色或黄色；壳有一定厚度，壳内呈珍珠白色或暗黄色，内齿发达。本种种间差异较大。

生态习性 | 栖息于人为开发的湖泊，鄱阳湖都昌偶见，半掩埋其中滤食生活。

种群 | 数量稀少，难以见到。

分布 | 江西鄱阳湖。

78毫米　美国威斯康星州密西西比河
2021-1-2
（何径）

翼溪蚌

Potamilus alatus Say, 1817

模式产地：Lake Erie 美国，伊利湖

壳长	110～180毫米	壳表		体色	■ ■
形状		体型	中型	原产	美国

本种数量稀少，不常见，被作为经济贝类引入，有逃逸，但未形成种群。本种外观与褶纹冠蚌 *Cristaria plicata* (Leach, 1814) 十分接近，北美多用本种做淡水珍珠养殖。

外壳轮廓呈椭圆形，整体较为厚鼓。靠近壳顶处常常腐蚀，后背部有翼状突起；壳面生长纹理清

晰，表面光滑；壳呈黑色或黄色；壳厚重，壳内呈现珍珠紫色或暗黄色，内齿发达。本种种间差异较大。

生态习性 | 未见活体。

种群 | 数量稀少，难以见到。

分布 | 江西鄱阳湖。

161 毫米　美国俄亥俄河
2021-1-2
（何径）

艾氏女王蚌
Reginaia ebenus (Lea, 1831)
模式产地：Ohio river 美国，俄亥俄河

壳长	70～90 毫米	壳表	◯	体色	▨ ▪
形状	🐚	体型	小型	原产	美国

　　本种数量稀少，不常见，可能由于引进美国产的大口黑鲈 *Micropterus salmoides* 携带钩介幼虫导致入侵，但未形成种群。本种外观与尖丽蚌属 *Aculamprotula* 十分接近。

　　外壳轮廓为不规则椭圆或扇形，整体较为厚鼓；靠近壳顶处常常腐蚀，且壳顶部隆起；壳面生长纹理清晰，表面光滑；壳呈黑色或黄色；壳厚重，壳内呈现珍珠白色，内齿发达。本种种间差异较大。

生态习性 | 未见活体。

种群 | 数量稀少，难以见到。

分布 | 江西鄱阳湖。

53 毫米　美国俄亥俄河
2021-1-2
（何径）

附录

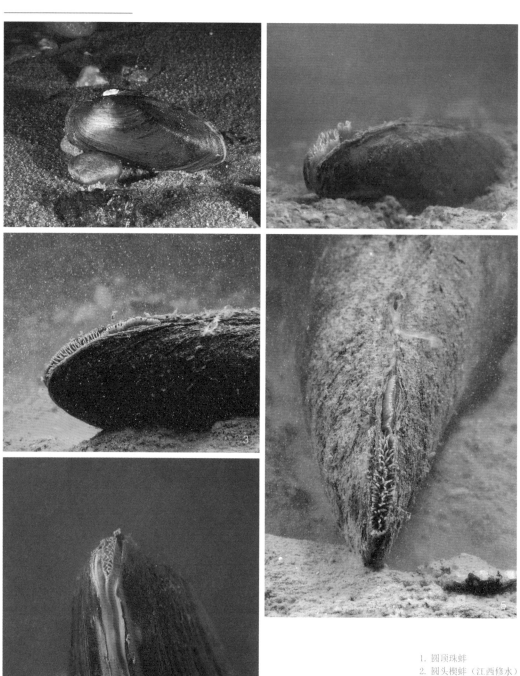

1. 圆顶珠蚌
2. 圆头楔蚌（江西修水）
3. 矛形楔蚌（江西赣江）
4. 中越楔蚌（广东从化）
5. 矛形楔蚌（江西赣江）

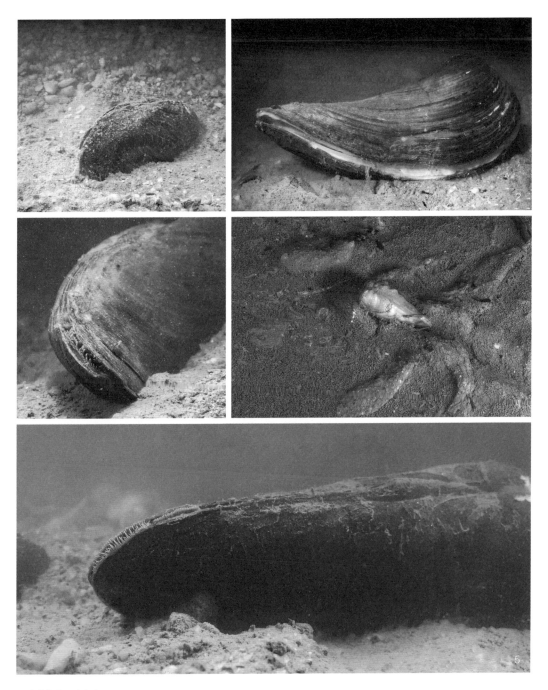

1. 中越楔蚌（广东珠江）
2. 鱼尾扭楔蚌（江西鄱阳湖）
3. 鱼尾扭楔蚌（江西鄱阳湖）
4. 鱼尾扭楔蚌幼贝（江西南昌）
5. 巨首伪楔蚌（江西上饶）

1. 射线裂嵴蚌（江西赣江）　　4. 矛形楔蚌（江西赣江）
2. 射线裂嵴蚌（江西赣江）　　5. 棘裂嵴蚌（江西赣江）
3. 射线裂嵴蚌　　　　　　　　6. 天津尖丽蚌（江西都昌）

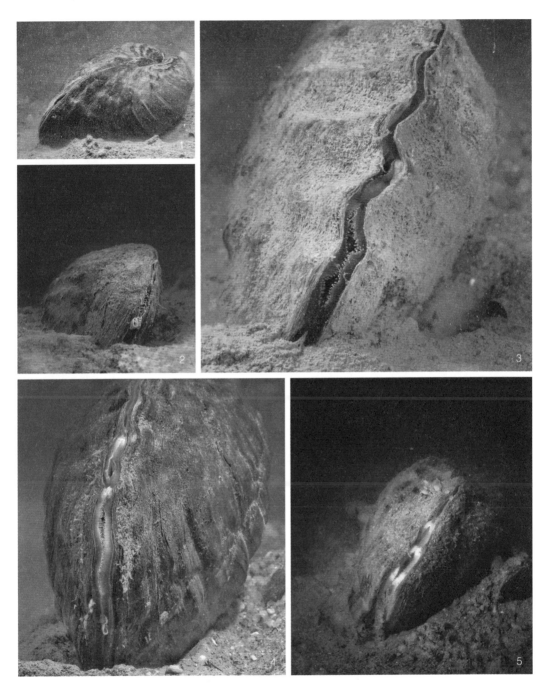

1. 环带尖丽蚌（江西鄱阳湖）
2. 铆钮尖丽蚌（广西桂林）
3. 多瘤尖丽蚌（江西抚河）
4. 刻裂尖丽蚌（江西鄱阳湖）
5. 刻裂尖丽蚌（江西赣江，繁殖期时，雌性进出水管会变色）

1. 中国尖嵴蚌（江西赣江）　　　4. 尖嵴蚌待定种
2. 三槽尖嵴蚌（江西赣江）　　　5. 尖嵴蚌待定种（浙江钱塘江）
3. 中国尖嵴蚌（江西赣江）

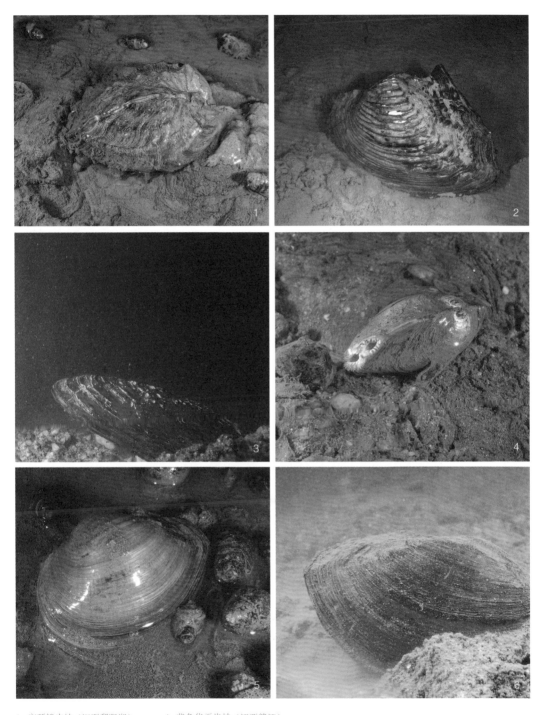

1. 高顶鳞皮蚌（江西鄱阳湖）　　4. 背角华无齿蚌（江西赣江）
2. 翼鳞皮蚌（江西鄱阳湖）　　　5. 舟蚌属待定种（江西南昌）
3. 广西产矛蚌待定种　　　　　　6. 舟蚌属待定种（江西修河）

1. 背瘤丽蚌
2. 洞穴丽蚌（江西南昌）
3. 丽蚌待定种（广西上林）
4. 橄榄华蛏蚌（江西鄱阳湖）
5. 丽蚌待定种（广西上林）

1. 小蛏蚌（江西鄱阳湖）
2. 北蛏蚌（辽宁鸭绿江）
3. 三角帆蚌（江西抚河）
4. 三角帆蚌（江西鄱阳湖）

浩渺鄱湖水接天，波翻浪涌竞争先；

连江通海胸怀广，滋养生灵岁复年。

——余亚飞《鄱阳湖赞》

江西鄱阳湖，中国最大的淡水湖泊。

沿长江两岸分布着众多的淡水浅水湖群，这也是世界上最大的淡水浅水湖群，缔造着世界上独一无二的淡水生物圈。

鄱阳湖上承赣、抚、信、饶、修五河之水，下接长江。丰水季节浪涌波腾，浩瀚万顷，水天相连；而枯水之季青草无边，越冬水鸟数以万计。这里孕育着丰富的淡水生物，是淡水生物的王国，长江江豚等各种珍稀的动物栖息生活于此，同样这里也是中国河蚌类最丰富的地方。

1. 寻蚌之旅启程

2019 年 11 月枯水期，我随同王冰、张正、黄剑斌这几位博物收藏家，一同出发，从福建前往江西鄱阳湖，寻找河蚌。

出发考察，多半带着不少考察工具，蚌耙、相机、各种离心管等采样工具，一个博物收藏家，此时就变成"博物猎人"，十分亢奋，内心充斥着探索与发现的欲望。

大包小包，当日我们便到达江西南昌市，这里有一条蚌类最多样的河流——赣江。按捺不住内心的激动，尽管我们抵达已是凌晨 1 点，尚未租车，但还是决定第一时间打车到赣江边。司机一脸懵地看着我们，一般的旅客此时早已打车入宾馆休息，我们却一反常态，手提肩扛着背包，着实像是去赣江抛尸的危险分子。

旅途并不一帆风顺，司机把我们送到江西知名的景区滕王阁，赣江就在脚下，却被围栏相隔，我们只能作罢。我们饥肠辘辘，二话不说，准备吃夜宵吧！好友张正建议去麦当劳，时间已是 2 点，在 24 小时营业的麦当劳还能休息一段时间。我们随即开始变寻找河蚌为寻找麦当劳。

从 2 点找到 3 点，说好的 24 小时营业的店铺还毫无踪迹，正当绝望之时，张正终于发现了营业着的麦当劳，他对麦当劳的执着令我们折服。我们冲了进去，准备觅食，谁知时间太晚，其实也没有什么吃的东西，我们只得到门口买台湾手抓饼。

故事事故也。我准备拍照片时，发现其实进的是肯德基，麦当劳在隔壁。就这样阴差阳错，寻找麦当劳，却进了肯德基，吃了江西人做的台湾手抓饼。

2. 河中巨"蚌"

　　早上 7 点，我们租好了车，出发距离我们最近，但是昨夜探索未成的赣江。赣江是鄱阳湖五河干流中蚌目种类最丰富的流段，据文献记载这里栖息着 39 种河蚌。也刚好赶上枯水期，才能如此方便地寻觅这些河蚌，否则平时它们藏匿在深水之中，仅能用蚌耙寻觅；枯水也使得它们能更好地被我们观察。

穿着涉水裤在河床上寻找河蚌

赣江边上的河滩，因枯水死亡的圆头楔蚌 *Cuneopsis heudei* (Heude, 1874) 以及来不及逃脱被卡在洞穴内的干死的橄榄华蛏蚌 *Sinosolenaia oleivora* (Heude, 1877)

因为枯水卡死在洞穴里的橄榄华蛏蚌

鱼尾扭楔蚌 *Tchangsinaia pimsciculus* (Heude, 1874) 因为枯水被困在水塘中，难以逃脱。在干涸的土地之上，很容易看到画着圆圈死亡的鱼尾扭楔蚌。这种诡异的现象，在赣江边上遍地都是，原因在于他们弯曲的外壳。在湍急的河流中，这种外壳能使得它们更好地扎根于蚌床，但遇到了枯水期，他们是最易受到威胁的群体。

被大量采集的橄榄华蛏蚌 *Sinosolenaia oleivora* (Heude, 1877)，肉已经被剥取食用

采蚌人桶里各种各样的河蚌，这种多样性在中国其他地区难以见到。里面参杂着矛蚌属、楔蚌属、珠蚌属、华蛏蚌属、丽蚌属等诸多蚌目物种，异常丰富。检视了一番，没有发现我们需要的锄蚌、小蛏蚌这类罕见的物种，我们继续寻找。

没多远的河床上，一个巨大的碎片吸引了我们的目光，所有人一眼便认出这是传说中的龙骨华蛏蚌 *Sinosolenaia carinata* (Heude, 1877)。100 多年前，法国传教士韩伯禄就是凭借这样的碎片发表了此物种，这个物种也是地球上已知最大的潜泥类软体动物，成年的龙骨华蛏蚌壳长可以达到惊人的 41 厘米！这个物种也是我所知道的尺寸记录中，中国最长的河蚌。

不远处，有一只干旱死亡的龙骨华蛏蚌 *Sinosolenaia carinata* (Heude, 1877)。由于华蛏蚌属是少见的穴居型河蚌，它们狭长的身体就是为了适应洞穴生活，一旦干涸它们难以爬出逃脱，活活被干死在洞穴之中。

这些水网地带看似水草丰美，其实暗藏危机。鄱阳湖地区，曾经是日本血吸虫病的重灾区，如今依然有血吸虫悄然生活在此，野外考察，尤其是 5～6 月，应当尤其注意。

鄱阳湖周边湿地的风光

血吸虫分布区域会竖立警示牌，警告不要下水

矛形楔蚌 *Cuneopsis celtiformis* (Heude, 1874) 和遍地的淡水螺类，其中也混杂着许多河蚌

3. 多样之蚌

离开赣江，我们转战下一个目的地——修河。

修河的生物量很大，种类也异常丰富，不亚于赣江。可以轻松地发现很多各种各样的河蚌，由于是枯水期，甚至连蚌耙也都不需要，仅仅低头拣拾便足以满足调查需求。

我和张正在干涸的河流上寻找死去的蚌类标本。这里的河床十分绵软，其实这里河蚌的种类以无齿蚌类为主。一般泥沙底，较硬的河床上，蚌目物种会更加丰富。黏软的底泥也给我们的考察增加了难度，每走一步都会被淤泥深深吸住，格外费力。

夕阳西下，酒足饭饱继续探索

泥沙环境下，三角帆蚌的幼贝在缓慢移动，他们准备爬向水边，逃避干涸的河床

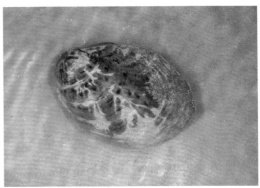

刻裂尖丽蚌在泥沙环境中缓慢移动

短褶矛蚌与多瘤尖丽蚌的死壳

考察的时间总是过得异常迅速，夜幕随之降临，但这并不影响我们的热情。夜晚也是很多蚌类活动的时间，同时打着手电也能更仔细地寻觅，在这里我们深深感受到生物多样性之美！

其实看的最多的，依然是这些死去的半片壳。因为这几年反常的气候变化，很多蚌类种群逐渐消退，曾经俯首皆是的种类，现在一蚌难求。这种泥沙底质是蚌类多样性最高的环境，可惜发现的都是死去的躯壳，仅剩下那些分布广泛、适应性强的常见种类。

这夜并没有什么突破性的发现，临近凌晨 3 点，我们便早早回去。江西冬季的温度还是很低的，寻找十分费力，我和好友黄剑斌双手已经僵硬，甚至在掏出手机的时候都已拿不住，掉落修河之中。

边上河沟里的猎蚌人，我们听闻这里已经被人采集过多番

4. 蚌之殇

第二天清晨我们便出发，这次行程留给我们的时间并不多，仅仅 2～3 个小时就足以满足我们的睡眠需求，便可以出发寻觅。我们径直从修河前往都昌方向，那里更加靠近主湖区。

因为干旱，放眼望去，密布的各类河蚌被活生生干死在河滩上，数以亿计。因为靠近主湖区，蚌类的密度很大很大，仿佛是物种大灭绝一般，令人吃惊、感叹。刮来的空气中，弥漫着死亡和腐朽的气息。这些躯壳，使我们无心看漫天的迁徙飞鸟——附近的观鸟爱好者面露喜色，可我们心中有着些许寂落。

其实不止我们在河滩行走与寻找，全国有着许多蚌类爱好者在各地的河流、湖泊奔走，一同去寻找着这些沉默在水底的精灵。也是经过大家的努力，很多神奇而又难以预料的物种被我们记录；在中国百年前记录中的神秘物种才得以浮出水面，使得我们一睹真容。

在分类和认识上是很需要标本的，但我们更希望地是了解之后，能通过更多的影像资料去记录它们的存在，这也是为我们的后人留下的宝贵自然财富。

河滩上合影的我们，左到右：张正、黄剑斌、笔者、王冰

后记 & 致谢

　　小学五六年级的时候，我常在河边捡拾耙蚌人丢弃的各种小型河蚌、水蚤和各种原生鱼；在家人购买的河蚬中挑选出混在其中的河蚌，收集起来——这也是我多年一直保持的、被家人吐槽为"捡垃圾"的习惯。

　　我记得很清晰，2019 年 6 月，我的好友叶茂先生赠予我几个河蚌壳的标本。那是几枚厚重而带有丝绢光泽的洞穴丽蚌 *Lamprotula caveata* 和猪耳弓背蚌 *Gibbosula rochechouartii*，是长江流域的特有物种。我感到吃惊，这和我认知的河蚌截然不同。那时，我对河蚌的认知仅限于几时家乡河边的壳薄易碎的无齿蚌。

　　就是这几枚蚌壳，开启了我的河蚌收集之旅。起初我对河蚌所知甚少，而且相关资料难以查找，即使一些很常见的物种也无法鉴定识别，我便和好友黄悦先生一同收集、探讨。随着时间推移，对文献等资料的积累不断丰富，再加上我曾是一名原生鱼爱好者，去过不少河流溪谷，对于河蚌的采集也轻车熟路，所以很快便获得了大量标本，开始研究和鉴定。

　　在查阅资料的过程中我发现，即使中国是世界上河蚌种类最丰富的国家之一，迄今为止国内都没有一本全面描述中国河蚌的书籍。2019 年 11 月，我萌生了一个想法：做一本中国河蚌图鉴！但个人力量始终有限，很难凭借一己之力收集到中国每一个角落的河蚌标本，多亏了网络的普及，我得以联系到全国各地的河蚌采集人和爱好者，迅速地获得了 28 个省份的标本。

　　中国是一个水网密布的国家，从青藏高原奔涌而下的长江与黄河，流经云南热带季风森林的澜沧江，荒漠绿洲中的额尔齐斯河，尽显北国风光的黑龙江与鸭绿江……众多数不清的河川将中国的蚌目物种分化成一个世界级的"蚌目生物热区"。随着标本的积累，我惊奇于河蚌丰度极高的外形多样性，对它们的生境也产生了好奇。随后我从福建开始探索，又到中国蚌类多样性最高的江西鄱阳湖寻觅河蚌，我震惊于这些河床上的生命无时无刻受到的各种致命威胁；在云南的高原湖上，拟珠蚌的残骸掩于工地废土中；而广西桂林，反常的气候导致河川异常枯水，河蚌生存环境恶劣。如今，很多早年记录的蚌目物种都已不复存在，我们却还未对它们有足够的认识。它们虽然披着厚重的外壳，却又无比脆弱。

　　机缘巧合之下，我在刘鹏宇先生的引导下与海峡书局相识，我有幸能够通过这本书，将我收集的蚌目物种资源以及心得分享给大家。本书参考了 1979 出版的《中国经济动物志·软体动物》以及 1885 年法国传教士韩伯禄的《*Conchyliologie fluviatile de la province de Nanking*》（南京地区河产贝类志）中记录的蚌目物种资料，结合近些年的分类学变动与新种进行增补、梳理。但由于本人并非贝类学专业出身，能力有限，对蚌目的分类鉴定上难免存在偏差，以及一些个人的分类意见未必与主流观点相近，希望此书作为大家分享和讨论资料的同时，也能得到批评指正。

　　本书的完成得益于许多朋友的帮助，也是此书的基石。在此由衷感谢江西南昌大学的吴小平教授、黄晓晨博士予以系统分类上的修正和指导，给予我们很多学术上的帮助和参考数据；感谢闽江学院的黄嘉龙副教授对于本书内容的校正；感谢国家动物标本资源库执行主任陈军研究员、无脊椎动物分馆标本管理员孟凯巴依尔博士在标本检视过程中给予的大力支持和帮助；感谢柏林自然历史博物馆的张乐嘉博士与法兰克福森根自然博物馆的 Sigrid Hof 女士替我们检视了德国 Naturmuseum Senckenberg（法兰克福森根自然博物馆）的缺角檀色蚌 *Pseudobaphia biesiana* 以及黄金雕刻蚌 *Diaurora aurorea* 的珍贵馆藏标本，为本图鉴增加了 2 种珍贵蚌类的图片。感谢中国科学院西双版纳热带植物园的刘景欣工程师协助采集云南西双版纳的蚌类标本。

感谢中国科学院动物研究所国家动物标本资源库、江西南昌大学生物标本馆、四川省文物考古研究院、广西崇左市渔政渔港监督管理站、Naturmuseum Senckenberg（德国法兰克福森根自然博物馆）的支持和帮助，让我们得以检视大量罕见蚌类标本。

感谢那些不辞辛苦在野外考察并为本书提供标本的采集人以及业余爱好者，江西都昌的曹平女士、上饶的华石林先生等；上海的丁宇桐、浙江的夏宇晨、黑龙江的郭蔚明和海南的许琳宸这四位小朋友也尽自己所能提供了很多珍贵的标本资料及照片和物种的探讨。黑龙江的博物收藏家董瑞航先生、李明葳先生提供了柱形矛蚌 *Lanceolaria cylindrica* 的珍贵标本以及中越楔蚌 *Cuneopsis demangei* 的信息资料，并让我们检视了他的馆藏标本；新疆的杨骥洲先生赠送了我们罕见的新疆蚌类标本，增添了国内鸭无齿蚌 *Anodonta anatina* 的新记录；北京的吴超先生提供了罕见的小锄蚌 *Ptychorhynchus murinum* 标本照片；天津的贝类学者兼贝类收藏家尉鹏先生提供了珍贵的老挝弓背蚌 *Gibbosula laosensis* 等云南少见的蚌类记录，并无偿赠与我们标本，予以我们很大的帮助；江苏南京的黄悦先生让我们检视了他收藏的蚌类标本，并让我们得知扭矛蚌 *Lanceolaria lanceolata* 在广东的分布；上海的贝类收藏家何径先生给予我们很多标本的帮助；湖北的博物收藏家叶茂先生常年在湖北襄阳考察淡水贝类，提供了湖北地区三巨瘤尖丽蚌 *Aculamprotula triclava* 的罕见化石标本记录以及待定种 3 的标本材料和大量的蚌类标本材料；湖北武汉的刘鑫先生提供了湖北地区梁子湖的蚌类种类信息；湖北武汉的陈哲宇先生提供了文献和分类上的帮助；贵州的贝类收藏家袁萌先生提供了自己考察的贵州蚌类记录和标本等资料，并让我们检视了待定种 2；四川的鱼类学者陈重光先生提供了四川地区及云南地区的罕见蚌类记录和标本，以及一些珍贵的新种标本；四川绵阳师范学院的邱鹭博士让我们检视了他所有的蚌类标本，并提供了一些标本援助；四川宜宾的王芷盈女士予以蚌类文化资料的整理、提供和帮助；河南芳景工作室的王剑锋先生给予我们比较全面的河南本土蚌类标本。

感谢我的好友，福建本土的几位博物收藏家黄剑斌先生、张正先生、王冰先生参与了江西鄱阳湖的考察，给予了我们诸多帮助；福建省三明市三元区自然资源局的郑恂恂先生给福建本土蚌目的考察以很大的帮助；福建三明的黄永健先生、范星虬先生、苏毅先生、廖燊堃先生提供了珍贵的本土蚌类标本，让我们得知闽江水系圆头楔蚌 *Cuneopsis heudei* 的分布；福建建瓯的高涵先生提供并让我们检视了福建本土的蚌类标本，帮助我们处理了大量的图片和物种名称翻译工作；福建三明的叶美芳女士提供了福建的蚌类标本；福建连江的缪本福先生、张继灵先生提供了福建本土的蚌类标本及生态照片；福建福州的贝类收藏家林理文先生帮助梳理了中国河蚌的模式产地和文献讨论、中文名的翻译，也提供了大量世界双壳物种的标本照片。

感谢浙江临海的贝类收藏家金丹东先生提供了他收藏的世界淡水双壳物种；浙江宁波的贝类收藏家张莹斌先生让我们检视了广东产的花纹珠蚌 *Nodularia persculpta* 标本；广西崇左市渔政渔港监

督管理站站长黄伟平先生提供了罕见的佛耳弓背蚌 *Gibbosula crassa* 的罕见照片；广西的贝类收藏家幽煌冥月先生提供了自己的分类意见和资料；广西民族师范学院的梁亦文先生提供了广西左江流域的蚌类信息；云南昆明的化石收藏家王晓东先生让我们检视了他收藏的昆明拟珠蚌属物种的死壳及亚化石；云南玉溪的贝类收藏家向泓铨先生赠送了罕见的官渡倒齿蚌 *Inversidens pantoensis*（现为滇西拟珠蚌 *Rhombuniopsis pantoensis*）的珍贵标本，使得我们得以重新检视梳理；云南昆明的贝类爱好者刘宝刚提供了华丽湄公蚌 *Lens comptus* 的罕见标本；云南红河的刘屹峰先生提供了可能已经灭绝的圆拟珠蚌 *Rhombuniopsis fultoni* 标本；中国科学技术大学科技史与科技考古系的王娟女士提供了蚌类化石的珍贵信息；复旦大学文物与博物馆学系的朱旭初同学帮助我们检视了老挝弓背蚌 *Gibbosula laosensis* 四川产地的化石标本（这枚化石来自四川省文物考古研究刘化石院副研究员的考察记录，揭示了本种历史分布，可以说是十分震惊的记录）；播与漆行、陈博文、黄雷提供了河蚌螺钿的资料与复原品。

感谢负责图片拍摄指导、整理、处理工作、默默奉献的曾荣辉先生、卢郭俊淇先生、赖由兴先生、吴东旭先生的无私帮助。

还要感谢很多好友，鉴于一些原因无法在这里明确地进行感谢，但他们的贡献不会被忘记。

感谢我的父母家人、朋友给予我最无私的理解与支持。

至此，本书完结时，依旧还有着许多蚌类等待着我们的发现和保护。

2022 年 3 月 1 日于福州